CHOUSHUI XUNENG DIANZHAN TONGYONG SHEJI

抽水蓄能电站通用设计

物防和技防设施配置分册

国网新源控股有限公司　组编

为进一步提升抽水蓄能电站标准化建设水平，深入总结工程建设管理经验，提高工程建设质量和管理效益，国网新源控股有限公司组织有关研究机构、设计单位和专家，在充分调研、精心设计、反复论证的基础上，编制完成了《抽水蓄能电站通用设计》系列丛书，本丛书共5个分册。

本书为《物防和技防设施配置分册》，主要内容有7章，分别为设计原则及依据，防恐防暴设防级别及措施配置原则，物防措施通用设计，技防措施通用设计，物防、技防、人防结合配置方案，非常态防范措施，结论等内容。附录包括物防设施图集和典型设计图。

本丛书适合抽水蓄能电站设计、建设、运维等有关技术人员阅读使用，其他相关人员可供参考。

图书在版编目（CIP）数据

抽水蓄能电站通用设计. 物防和技防设施配置分册 / 国网新源控股有限公司组编. —北京：中国电力出版社，2020.7

ISBN 978-7-5198-4105-8

Ⅰ. ①抽… Ⅱ. ①国… Ⅲ. ①抽水蓄能水电站－反恐怖活动－工程设施－工程设计 Ⅳ. ①TV743

中国版本图书馆CIP数据核字（2019）第296241号

出版发行：中国电力出版社
地　　址：北京市东城区北京站西街19号
邮政编码：100005
网　　址：http://www.cepp.sgcc.com.cn
责任编辑：孙建英（010-63412369）　董艳荣
责任校对：王小鹏
装帧设计：赵姗姗
责任印制：吴　迪

印　　刷：三河市航远印刷有限公司
版　　次：2020年7月第一版
印　　次：2020年7月北京第一次印刷
开　　本：787毫米×1092毫米　横16开本
印　　张：2.5
字　　数：74千字　　1插页
印　　数：0001—1000册
定　　价：38.00元

编　委　会

前　　言

抽水蓄能电站运行灵活、反应快速，是电力系统中具有调峰、填谷、调频、调相、备用和黑启动等多种功能的特殊电源，是目前最具经济性的大规模储能设施。随着我国经济社会的发展，电力系统规模不断扩大，用电负荷和峰谷差持续加大，电力用户对供电质量要求不断提高，随机性、间歇性新能源大规模开发，对抽水蓄能电站发展提出了更高要求。2014 年国家发展改革委下发“关于促进抽水蓄能电站健康有序发展有关问题的意见”，确定“到 2025 年，全国抽水蓄能电站总装机容量达到约 1 亿 kW，占全国电力总装机的比重达到 4%左右”的发展目标。

抽水蓄能电站建设规模持续扩大，大力研究和推广抽水蓄能电站标准化设计，是适应抽水蓄能电站快速发展的客观需要。国网新源控股有限公司作为全球最大的调峰调频专业运营公司，承担着保障电网安全、稳定、经济、清洁运行的基本使命，经过多年的工程建设实践，积累了丰富的抽水蓄能电站建设管理经验。为进一步提升抽水蓄能电站标准化建设水平，深入总结工程建设管理经验，提高工程建设质量和管理效益，国网新源控股有限公司组织有关研究机构、设计单位和专家，在充分调研、精心设计、反复论证的基础上，编制完成了《抽水蓄能电站通用设计》系列丛书，包括上下水库区域地表工程、地下洞室群通风系统、物防和技防设施配置、装饰设计、装饰材料五个分册。

本通用设计坚持“安全可靠、技术先进、保护环境、投资合理、标准统一、运行高效”的设计原则，追求统一性与可靠性、先进性、经济性、适应性和灵活性的协调统一。该书凝聚了抽水蓄能行业诸多专家和广大工程技术人员的心血和智慧，是公司推行抽水蓄能电站标准化建设的又一重要成果。希望本书的出版和应用，能有力促进和提升我国抽水蓄能电站建设发展，为保障电力供应、服务经济社会发展做出积极的贡献。

由于编者水平有限，不妥之处在所难免，敬请读者批评指正。

编者

2019 年 12 月

目　　录

第 1 章　设计原则及依据

1.1　设计原则

（1）符合国家有关法律、法规及标准规范，贯彻国家有关反恐怖工作部署的有关规定。

（2）遵循纵深设防、均衡设防的原则。对不同性质防区实施不同级别的物防、技防措施，对整个电站实施纵深防护，对局部区域按照纵深防护的设计思想进行分层次的物防、技防配置。均衡布局电站工程整个物防、技防系统，合理设置各防区的物防、技防设施，确保不存在明显的设计缺陷或防范误区；同层防护区的物防、技防设施防护水平应基本保持一致，不能存在薄弱环节或防护盲区。

（3）坚持系统性原则，坚持人防、物防和技防相结合的原则，把抽水蓄能电站工程的物防、技防作为一个开放的、动态的、整体的系统来加以考察，把每一项物防及技防措施的配置研究纳入人防、物防、技防整体之中考虑。

（4）坚持客观、严谨、科学的工作态度，力求做到数据准确、内容完整、重点突出、结论科学。在调查研究的基础上，严格按照客观实际进行研究分析，以保证成果的客观性、严谨性和科学性。

1.2　设计依据

物防和技防设施设计必须依据国家规范、行业标准，以及公司内部文件。但不限于下述内容。

GB 2890　呼吸防护自吸过滤式防毒面具
GB 2894　安全标志及其使用导则
GB/T 7946　脉冲电子围栏及其安装和安全运行
GB 10408.1　入侵探测器　第 1 部分：通用要求
GB 10408.2　入侵探测器　第 2 部分：室内用超声波多普勒探测器
GB 10408.3　入侵探测器　第 3 部分：室内用微波多普勒探测器
GB 10408.4　入侵探测器　第 4 部分：主动红外入侵探测器
GB 10408.5　入侵探测器　第 5 部分：室内用被动红外探测器
GB 10408.6　微波和被动红外复合入侵探测器
GB/T 10408.8　振动入侵探测器
GB 10408.9　入侵探测器　第 9 部分：室内用被动式玻璃破碎探测器
GB 12663　防盗报警控制器通用技术条件
GB 15208.1　微剂量 X 射线安全检查设备　第 1 部分：通用技术要求
GB 15209　磁开关入侵探测器
GB 15407　遮挡式微波入侵探测器技术要求
GB/T 15408　安全防范系统供电技术要求
GB 16796　安全防范报警设备安全要求和试验方法
GB 17565　防盗安全门通用技术条件
GB 20815　视频安防监控数字录像设备
GB 25287　周界防范高压电网装置
GB/T 25724　安全防范监控数字视音频编解码技术要求
GB/T 28181　安全防范视频监控联网系统信息传输、交换、控制技术要求
GB/Z 29328　重要电力用户供电电源及自备应急电源配置技术规范
GB/T 30147　安防监控视频实时智能分析设备技术要求
GB/T 30148　安全防范报警设备电磁兼容抗扰度要求和试验方法
GB 50198　民用闭路监视电视系统工程技术规范
GB 50348　安全防范工程技术标准
GB 50394　入侵报警系统工程设计规范
GB 50395　视频安防监控系统工程设计规范
GB 50396　出入口控制系统工程设计规范
GB 50526　公共广播系统工程技术规范
GB 50706　水利水电工程劳动安全与工业卫生设计规范
NB 35074　水电工程劳动安全与工业卫生设计规范
GA68　警用防刺服

GA 69　防爆毯
GA 124　正压式消防空气呼吸器
GA 141　警用防弹衣
GA 294　警用防暴头盔
GA/T 367　视频安防监控系统技术要求
GA/T 368　入侵报警系统技术要求
GA/T 394　出入口控制系统技术要求
GA 420　警用防暴服
GA 422　防暴盾牌
GA 576　防尾随联动互锁安全门通用技术条件
GA/T 644　电子巡查系统技术要求
GA/T 761　停车库（场）安全管理系统技术要求
GA 871　防爆罐
GA 872　防爆球
GA 1006　警用巡逻车
GA 1089　电力设施治安风险等级和安全防范要求
GA/T 1093　出入口控制人脸识别系统技术要求
GA 1124　长警棍
GA/T 1126　近红外人脸识别设备技术要求
GA/T 1132　车辆出入口电动栏杆机技术要求
GA/T 1158　激光对射入侵探测器技术要求
GA/T 1217　光纤振动入侵探测器技术要求
GA/T 1343　防暴升降式阻车路障
行业及地方反恐怖防范工作标准。
中华人民共和国反恐怖主义法
中华人民共和国突发事件应对法
国家处置大规模恐怖袭击事件应急预案
国家突发公共事件总体应急预案
水库大坝安全管理条例
企业事业单位内部治安保卫条例
电力行业反恐怖防范标准（试行）（水电工程部分）

1.3　设计范围及内容

在梳理分析抽水蓄能电站工程已有物防措施内容的基础上，结合抽水蓄能电站工程实际特点，参考 GB 50348《安全防范工程技术规范》及相关技术标准要求，确定不同设防级别下的物防、技防措施要求，提出相应的物防、技防措施相关参数设计及配置标准，并在典型抽水蓄能电站工程中开展专题成果的应用研究。根据合同要求，并结合有关标准规范规定，重点研究设计以下内容：

1. 开展国内水电工程防恐防暴物防、技防现状调研

针对中国长江三峡集团公司、华能澜沧江水电股份有限公司、雅砻江流域水电开发有限公司、国网新源控股有限公司等建设单位开发的典型水电站及抽水蓄能电站配置的防恐防暴物防、技防设施及设防标准开展现场调研。梳理分析国内水电工程防恐防暴物防、技防措施现状调查成果情况，开展防恐防暴物防、技防措施的对比研究。

2. 研究确定抽水蓄能电站工程防恐防暴物防标准、防范等级及重点防范部位

在执行相关国家标准和行业标准及参照国外相关标准的基础上，结合抽水蓄能电站工程的特点，明确不同规模、不同类型、不同区域的抽水蓄能电站工程防恐防暴防范等级及物防、技防标准，划分重点防范区域，按照常态防范标准与非常态防范标准分别设计物防、技防措施方案，对不同防范区域配置何种物防、技防设施展开具体设计，优化物防、技防设施在抽水蓄能电站工程中的配置，使其性能最大化、成本最小化。

3. 不同设防级别下的物防、技防设施设备设计

考虑抽水蓄能电站工程所在位置、结构、功能、开放程度、自身防御能力等方面的因素，确定不同设防级别下的相应的物防、技防设施设备系统配置方案，开展具体的针对抽水蓄能电站工程的物防、技防设施设备设计，包括建（构）筑物、屏障、器具、设备、系统等设计参数的测试与采集，设施设备的选型、功能设计及安装。

4. 典型抽水蓄能电站工程防恐防暴物防、技防措施关键技术应用设计

选择典型工程，确定工程设防标准，提出抽水蓄能电站工程防恐防暴物防、技防设计以及具体配置要求，开展物防、技防措施主要成果的应用研究，并通过应用提出抽水蓄能电站工程防恐防暴物防、技防措施设计工作建议。

第 2 章　防恐防暴设防级别及措施配置原则

2.1　防恐防暴重点防范对象

抽水蓄能电站潜在的受袭风险主要有以下特点：①建（构）筑物受攻击的主要方式为爆炸、撞击袭击，关键部位受袭可能导致溃坝，次生灾害巨大，造成的损失严重。②机电设备受攻击的主要爆炸袭击、撞击、非法操作设备和控制系统的黑客入侵。关键部位的破坏，将导致电站运行瘫痪、水灾、水淹厂房等严重后果；泄洪系统闸门和启闭设备的损坏，直接导致汛期的洪水宣泄，危及大坝安全。水电工程受袭部位可分为水工建（构）筑物、机电设备以及反恐怖防范管理系统三大类，其中，水工建（构）筑物主要包括上下库大坝、泄洪建筑物、厂房、引水建筑物及辅助建筑用房等；机电设备主要包括水轮机及辅助系统设备、发电机和电气系统设备，控制、保护和通信系统设备、闸门、启闭机设备，以及采暖通风、生活用水等设备和设施；反恐怖防范管理系统包括人防、物防、技防设施及应急管理和协调联动等。

抽水蓄能电站的大坝、发电厂房、引水建筑物、泄洪建筑物、中控室、开关站、输变电设施、业主营地、油库及各类闸门极易成为恐怖分子的袭击目标，属于重点防范对象。

2.2　防恐防暴设防级别

抽水蓄能电站工程防恐防暴设防执行《电力行业反恐怖防范标准（试行）》（水电工程部分）对水电工程反恐怖防范的重要目标分类、防范区域划分等内容的要求。抽水蓄能电站工程按照工程规模、水库总库容、装机容量等要素进行反恐怖防范重要目标初步分类，分别划分为一类、二类、三类重要目标，其重要目标分类标准见表 2-1；电站实行分区域管理，从里到外一般划分为禁区、监视区和防护区三个防范区域，防范区域的划分要求见表 2-2。

表 2-1　　　重要目标分类标准

类别划分	工程规模	水库总库容	装机容量
一类重要目标	大（1）型	10 亿 m^3 以上	1200MW 以上
二类重要目标	大（2）型	1 亿 m^3 以上、10 亿 m^3 以下	300MW 以上、1200MW 以下
三类重要目标	中型	0.1 亿 m^3 以上、1 亿 m^3 以下	50MW 以上 300MW 以下

注　1. 当水电工程重要目标的工程规模、水库总库容、装机容量分属不同类别时，应以最高等级作为重要目标的类别。
2. 本表中所称“以上”包括本数，“以下”不包括本数。

表 2-2　　　防范区域划分要求

防范区	防范目标和设施
禁区	抽水蓄能电站主坝、常年挡水副坝（段）、输水道、发电厂房、开关站（升压站）、输变电设施、中央控制室，溢洪道、泄水闸、启闭机房及集控室、应急发电机房、专用通信机房、安防监控中心等
监视区	电站行政办公楼、档案馆、油库、重要设备备品库、水域禁区等
防护区	除禁区、监视区以及上述部位外的其他区域，如专用道路交通设施、水文站、办公楼、仓库、宿舍、运动场馆、宾馆等

2.3　防恐防暴物防、技防措施配置原则

（1）根据抽水蓄能电站工程防恐防暴 3 个不同等级的设防水平，对不同等级防护水平下的电站禁区、监视区、防护区分别配备相应的防恐防暴物防、技防设施。

（2）防恐防暴物防、技防设施配置应遵循可靠性原则。物防、技防设施设备的可靠性是第一位的，在物防、技防设施设计、设备选型、调试、安装等环节都应严格执行国家、行业的有关标准及有关安全技术防范的要求，贯彻质量条例，保证设施设备的可靠性。

（3）防恐防暴物防、技防设施应符合安全性、联动性、易操作性及实用性的原则。配置的物防、技防设施要有能力阻止、探测未授权的人员、车辆入侵，具备防破坏的安全性能，能与其他系统联动，如消防系统和照明系统，保

证自身的防护功能，并为其他系统提供必要的服务，配置的物防、技防设施应有广泛的适用性，易操作且具有良好的维护性。

（4）防恐防暴物防、技防设施配置应遵循经济性原则。在满足安全防范级别要求的前提下，在确保设施设备稳定可靠、性能良好的基础上，在考虑物防、技防设施先进性的同时，按需选择设施设备，做到合理、实用，降低成本，从而达到极高的性能价格比，降低安全保卫管理的运营成本。

第3章　物防措施通用设计

3.1　防恐防暴物防措施设计标准及设计要求

（1）禁区围墙（栏）内侧、外侧的净高度均应不低于2.5m，监视区、防护区围墙（栏）内侧、外侧的净高度均应不低于2.2m。各防范区域围墙（栏）对外设有醒目的禁止攀登、禁止翻越警告标志牌。围墙（栏）应结构坚固，不易攀爬，一般采用砖石墙、铁栅栏、钢筋混凝土预制板等结构形式，其技术要求见表3-1。

表3-1　　围墙（栏）技术要求

围墙（栏）结构	技术要求
砖石墙	（1）为实体结构，并设有墙基或地梁，其厚度不小于240mm，并用墙壁垛加固，两相邻墙垛的间距不大于3m。 （2）水泥封顶，其上安装铁丝网或刺丝滚笼。铁丝网高度或滚笼直径不小于500mm；铁丝网间距不大于100mm。 （3）留有排水口的部位用防钻钢栅（网）保护。 （4）牢固，其基础与结构匹配
铁栅栏	（1）两支撑柱间距不大于3m，支撑柱牢固。 （2）竖筋采用单根直径不小于20mm、壁厚不小于2mm的钢管（或单根直径不小于16mm的钢棒、单根横截面不小于8mm×20mm的钢板）组合制作。 （3）边框采用最小边不小于5mm的角钢，且与支撑柱连接牢固，上下边框之间有加强筋或其他加强措施。 （4）下部地面砌砖石或水泥混凝土地梁，地梁与支撑柱连接牢固，其截面尺寸不小于240mm×300mm。 （5）下部边框距竖筋下端不大于150mm，竖筋下端距地梁或地面距离不大于50mm，栅栏上部有防攀越结构。 （6）两竖筋间距不大于150mm。 （7）在水中或跨排水沟修建的栅栏段采取防钻保护措施。 （8）金属部分进行除锈、防腐处理，防腐年限不少于5年
其他围栏形式	其他围栏形式应符合上述基本要求并经国家或地方政府反恐怖主管部门审定后方可采用

（2）被动防护网采用柔性防护网，是采用锚杆、钢柱、支撑绳和拉锚绳等固定方式将钢丝绳网固定在坡面上形成栅栏形式的拦石网，从而实现拦截落石的一种边坡柔性防护系统。钢丝绳的质量要求应符合GB/T 29086《钢丝绳安全使用和维护》的要求；钢丝网宜采用由直径不小于2.2mm的热镀锌钢丝编制、网孔为50mm×50mm的钢丝网，钢丝应满足YB/T 5294《一般用途低碳钢丝》的要求；钢柱根据被动系统的不同高度采用不同规格的工字钢（或H型钢）加工而成，钢柱的高度与系统高度相同，工字钢的尺寸、外型、重量及允许偏差应符合GB/T 706《热轧工字钢尺寸、外型、重量及允许偏差》的各项技术要求；基座为钢柱的定位座，为钢结构件，连接件用于实现钢柱和基座间铰连接的构件，钢柱的基座及连接件的防腐要求应不低于与其连接的钢柱的防腐性能；减压环根据与其相连的钢丝绳直径不同和设计能量分别选用与之相适应的减压环，减压环（消能器）的启动荷载应介于与其相连的钢丝绳断裂拉力的10%～70%之间，其临界形变载荷不小于50kN，消能器采用用热轧钢板制作，其质量应符合GB/T 912《碳素结构钢和低合金结构热轧薄钢板及钢带》的技术要求，表面镀锌防锈，镀锌层厚度不小于8μm；缝合绳宜采用不小于ϕ8钢丝绳，钢丝绳应满足GB/T 29086《钢丝绳安全使用和维护》的要求；横向支撑绳宜采用不小于ϕ16钢丝绳，纵向支撑绳宜采用不小于ϕ12钢丝绳，设置双层钢丝绳网的区域纵横支撑绳均宜采用不小于ϕ16钢丝绳，支撑绳所用钢丝绳的质量要求与钢丝绳网相同，应符合GB/T 29086《钢丝绳安全使用和维护》的要求；采用双股形式的不小于ϕ16钢丝绳锚杆，其长度应不小于2m。被动防护网用于电站监视区周界封闭时高度不应低于2.2m，用于电站防护区周界封闭时高度不应低于2.2m，用于电站禁区周界封闭时高度不应低于2.5m。

（3）机动车阻挡装置不应影响道路的承载能力和通行能力。阻挡装置应能电动操作和遥控操作，具有手动应急功能，并能接入技防系统实现联动。机动车阻挡装置宜选用翻板式车辆阻挡装置或立柱式阻挡装置，当采用升降式阻挡装置时应符合 GA/T 1343《防暴升降式阻车路障》的有关规定。下降后阻挡装置应不影响道路的承载能力和通行能力，立柱或翻板的承载能力应大于或等于 20t；阻挡装置在-40℃～55℃、相对湿度 90%工作环境条件下应能正常使用，应能电动操作和遥控操作，在电动操作故障时应能手动应急操作，并能接入其他防范系统的信号实现双向联动。

对于阻挡装置抗撞击力，应符合 GA/T 1343《防暴升降式阻车路障》的有关规定。

（4）隔离栏（墩）应色彩鲜明，加反光膜警示标志，采用中空设计，使用时可填注河沙、水泥等，多个隔离墩间可穿 PVC 管形成不同角度、不同弧度的安全隔离屏障，材料选用高强度环保塑料，具备耐热、耐寒、耐冲击、坚固耐用不易老化的特点。

（5）防盗安全窗的金属框材料厚度应不小于 2mm，宽度应不小于 40mm。采用防爆玻璃的，其总厚度应不小于 16mm；采用防弹玻璃的应符合 GB 17840《防弹玻璃》的要求；采用防弹复合玻璃的应符合 GA 165《防弹复合玻璃》的要求；采用防爆炸复合玻璃的应符合 GA 667《防爆炸复合玻璃》的要求。玻璃镶嵌入金属框的深度不小于玻璃的总厚度。

（6）金属防护门应具有自闭、自锁功能，能手动开启，设计选型应综合考虑通风、保证生产人员和车辆正常通行的设计要求；防盗安全门及安装应符合 GB 17565《防盗安全门通用技术条件》、GA/T 75《安全防范工程程序与要求》的要求，并应综合考虑防火设计要求，防盗安全门安全级别应达到“乙”级的防护标准，即能够抵抗非正常开启的净工作时间的长短为 15min；防尾随联动互锁安全门及安装应符合 GA 576《防尾随联动互锁安全门通用技术条件》、GA/T 75《安全防范工程程序与要求》的要求。

（7）主要出入口门卫室、发电厂房等重点防护场所配备的防爆罐、防爆球应满足 GA 871《防爆罐》、GA 872《防爆球》的要求。

（8）安保部门及保安岗亭、执勤点配备的防爆毯、防暴头盔、防刺服、防暴服、防弹衣、防暴盾牌、长警棍、防毒面具、正压式消防空气呼吸器等防护器材应符合 GA 69《防爆毯》、GA 293《警用防弹头盔及面罩》、GA68《警用防刺服》、GA 141《警用防弹衣》、GA 294《警用防暴头盔》、GA 420《警用防暴服》、GA 422《防暴盾牌》、GA 1124《长警棍》、GB 2890《呼吸防护自吸过滤式防毒面具》、GA 124《正压式消防空气呼吸器》等标准要求。

（9）配备的巡逻机动车应符合 GA 1006《警用巡逻车》的要求。

（10）大坝、厂区、业主营地配备的探照灯应满足 GB 7000.7《投光灯具安全要求》等规范标准要求。

（11）阻车钉、水域船只拦截装置、巡逻艇检查室（站）及包裹寄存室的选择与设置按相关规范标准要求结合工程实际设置。

（12）警示（警戒）标志按 GB 2893《安全色》、GB 2894《安全标志及其使用导则》、GB 50706《水利水电工程劳动安全与工业卫生设计规范》、NB 35074《水电工程劳动安全与工业卫生设计规范》等相关规范标准设置。

3.2 物防设施的分类及配置

《电力行业反恐怖防范标准（试行）》（水电工程部分）对水电工程防恐防暴物防措施的配置提出了规范性要求，详见表 3-2。

表 3-2　　物防设施配置表

序号	项目	配置要求	重要目标设置标准		
			一类	二类	三类
1	警示（警戒）标志	周界出入口，围墙、栅栏上	应设	应设	应设
2	围墙或栅栏	沿周界设置	应设	宜设	宜设
3	门岗	周界出入口、重要部位出入口处	应设	应设	应设
4	机动车阻挡装置及防尾随装置	主要出入口处	应设	宜设	宜设
5	安全门、窗	禁区内建筑物的门、窗	应设	应设	应设
6	金属防护门及防尾随装置	主要出入口处	应设	应设	宜设
7	检查室（站）及包裹寄存室	重要部位入口外侧适当位置	应设	宜设	宜设
8	消防器材、应急灯、毛巾、口罩、空气呼吸器等	重要部位入口处	应设	应设	应设
9	防爆毯、防爆桶	重要部位入口处	应设	宜设	宜设
10	通信设施	周界出入口处、禁区建筑物内、重要设施处等	应设	应设	应设

续表

序号	项目	配置要求	重要目标设置标准		
			一类	二类	三类
11	防冲击地沟、防撞隔离栏（墩）或阻车钉等防护器材	周界出入口处、重要部位出入口处	应设	应设	宜设
12	探照灯等强光照明	水域禁航区周界	应设	应设	应设
13	巡逻机动车	陆域监视区周界	宜设	宜设	宜设
14	巡防犬	重要部位	宜设	宜设	宜设
15	巡逻船及拖拽索（拦阻索）	水域禁航区周界	应设	宜设	宜设

对照《电力行业反恐怖防范标准（试行）》（水电工程部分）对水电工程防恐防暴物防措施配置的要求，结合抽水蓄能电站工程自身特点，其防恐防暴物防设施主要划分为9大类：警示警戒标志（禁止标志、提示标志）、实体屏障（围墙或栅栏、门岗、安全门窗、机动车阻挡装置）、行包寄存设施（包裹寄存室、柜）、防暴器材（被动防护器材、主动防护器材）、排爆装备（防爆毯、防爆罐）、照明器材（应急灯、强光手电、探照灯）、应急用品（毛巾、防毒口罩、空气呼吸器）、通信器材（对讲机、电话机、手机）、巡防巡逻设施（巡逻机动车、巡逻艇）。

3.2.1 警示警戒标志

抽水蓄能电站工程防恐防暴警示警戒标志主要分为禁止标志和提示标志两类。

1. 禁止标志

禁止标志主要包括：

(1)“限制区域非授权人员禁止进出标志”，适用于电站重要建筑物入口。

(2)“厂区围墙周边禁止停放任何车辆标志”，适用于各周界围墙、栅栏处。

(3)“禁止车辆通行标志”，适用于禁止未经授权车辆通行的主要出入口。

(4)“禁止攀登”，适用于各周界围墙、栅栏处。

(5)“禁止翻越”，适用于各周界围墙、栅栏处。

(6)“禁止入内”，适用于电站禁区、重点防护区等区域。

(7)“禁止通行”，适用于禁止未经授权人员通行的主要出入口。

(8)“禁止航行”，适用于禁航水域周界处。

(9)“禁止烟火”，适用于电站有防火要求的设备、建筑物等。

2. 提示标志

提示标志主要包括：

(1)“所有访客必须登记标志”，适用于电站厂区、业主营地等大门口。

(2)“进入厂区请佩戴员工证标志”，适用于电站厂区、业主营地等大门口。

(3)“限制速度标志”，适用于电站主要道路沿途、近车辆出入口处。

(4)“停车检查标志”，适用于电站厂区、业主营地等大门口。

(5)“警示浮筒”，警示外界船只及人员勿擅闯禁航水域，适用于上下库禁航水域。

3. 禁区标志

(1) 划为禁区的重要建筑物入口应设“限制区域非授权人员禁止进出标志”，划为防护区或监视区的建筑物入口可根据需要设“限制区域非授权人员禁止进出标志”。

(2) 各防范区域周界围墙、栅栏处适当位置应设“禁止攀登”“禁止翻越”标志，可根据需要设“厂区围墙周边禁止停放任何车辆标志”。

(3) 禁区、重点监视区等区域应设“禁止入内”标志。

(4) 禁止未经授权人员通行的主要出入口应设“禁止通行”标志。

(5) 有防火要求的设备、建筑物等所在区域应设“禁止烟火”标志。

(6) 厂区、业主营地等有人员值守的主要出入口设“所有访客必须登记标志”。

(7) 厂区、业主营地等供车辆通行的出入口设“限制速度标志”“停车检查标志”。

(8) 厂区道路沿途适当位置设“限制速度标志”。

3.2.2 实体屏障

实体屏障包括围墙或栅栏、门岗、安全门窗、机动车阻挡装置。

1. 围墙或栅栏

围墙或栅栏包括砖墙、钢栅栏、被动防护网。砖墙、钢栅栏适用于电站周界、防护区、监视区、禁区等区域；被动防护网适用于不适合修建砖墙和栅栏的山地周界区域。

防护区、监视区、禁区等周界区域封闭应优先考虑实体砖墙，其次选用钢栅栏，最后选用被动防护网。重要防护区域实体屏障顶部一般加装电子围栏。

2. 门岗

门岗包括门卫室和成品岗亭，适用于电站各主要出入口和安保执勤点。

进入电站枢纽区、营地等主要出入口优先设置砖墙门卫室，各防范区域安保执勤点优先设置成品岗亭。

3. 安全门窗

安全门窗包括安全门、金属防护门、电动伸缩门、防盗安全门、防盗安全窗。各建（构）筑物安全门窗的设计、选型均应在满足消防设计的基础上进行布置。电站主要出入口大门应优先选用金属防护门，其次是电动伸缩门；办公楼、中控楼等重要建筑物进门口宜设伸缩式速通门等安全门；中控室、蓄电池室、继保室、配电间等各主要电气设备室优先选用防盗防火安全门；地下厂房辅助洞室洞口或竖井出口（如自流排水洞等）等部位应选用金属格栅防护门；各主要建（构）筑物的窗户优先采用防盗安全窗。

4. 机动车阻挡装置

机动车阻挡装置包括道闸、路桩、路障机、破胎器、阻车钉、防撞隔离栏（墩）。

电站有车辆通行需求的主要出入口应设置防撞道闸与防撞隔离栏（墩），并在道闸前适当位置优先配置路障机、升降路桩或破胎器，其次考虑配置阻车钉。电站枢纽建筑物、办公楼、宿舍楼等门口易遭受汽车炸弹袭击的地方应优先配置可升降路桩。其中防撞隔离栏（墩）为宜设项目，路障机、破胎器、阻车钉对于二类、三类重要目标为宜设项目。

3.2.3 行包寄存设施

对设游览区域的抽水蓄能电站工程在游览区域入口处设行包寄存设施，有条件的电站可优先配置专用的包裹寄存室，配备必要的安检设备（安检门、手持金属探测器）和防爆罐、防爆球等爆炸物排除与销毁装置。一般情况下可在游览区入口门卫室设包裹寄存柜，代替专用的包裹寄存室。

3.2.4 防暴器材

防暴器材包括防暴盾牌、防暴/防弹头盔、防弹衣/防刺衣、防暴服、钢叉、警棍、防暴抓捕器、捕捉网发射器等。

门卫室、执勤岗点被动防护器材应优先配置防暴盾牌、防暴/防弹头盔、防刺衣或防弹衣，可根据情况配置一定数量的防暴服；主动防护器材优先配置钢叉、警棍，可根据实际需要配备防暴抓捕器、捕捉网发射器。

3.2.5 排爆装备

属于一类重要目标的抽水蓄能电站厂房、开关站等重点监视区、禁区门卫室应配置防爆毯或防爆罐（桶型、球型、车载防爆罐），优先配置防爆毯，经济条件允许的电站可以同时配置防爆罐（桶型、球型、车载防爆罐）。属于二类重要目标的电站重点监视区、禁区门卫室宜配置防爆毯或防爆罐，属于三类重要目标的电站重点监视区、禁区门卫室可配置防爆毯或防爆罐。

3.2.6 照明器材

电站枢纽建筑物内应急疏散通道区域应配置固定式或移动式应急灯，各门卫室及保安执勤点宜配备强光手电，大坝坝顶、业主营地、厂房枢纽等重点监视区和禁区应配置探照灯。

3.2.7 应急用品

电站枢纽建筑物内应急疏散路线区域适当位置应优先配置防毒面罩；对可能产生有毒有害气体或人员密集的场所应优先配置空气呼吸器。

3.2.8 通信器材

各门卫室及保安执勤点安保人员通信应优先配备对讲机，电站枢纽区各室内工作场所应配备电话机，电站安保人员和从业人员建议全部配备手机。

3.2.9 巡防巡逻设施

抽水蓄能电站安保部门集中配置巡逻机动车，合理调度使用，用于各防范区域的日常巡逻。电站上下库水域对于一类重要目标宜配置巡逻艇，对于二类、三类重要目标也可设置。

3.2.10 抽水蓄能电站工程防恐防暴物防设施配置标准

抽水蓄能电站工程防恐防暴物防设施的分类与适用范围见表3-3。

表3-3　　抽水蓄能电站工程物防设施的分类与适用范围

序号	防范设施分类		物防设施名称	防护性能	参考适用范围
1	警示警戒标志	禁止标志	限制区域非授权人员禁止进出标志	警示、提醒	适用于电站重要建筑物入口
2			厂区围墙周边禁止停放任何车辆标志	警示、提醒	适用于各周界围墙、栅栏处

续表

序号	防范设施分类		物防设施名称	防护性能	参考适用范围
3	警示警戒标志	禁止标志	禁止车辆通行标志	警示、提醒	适用于禁止未经授权车辆通行的主要出入口
4			禁止攀登	警示、提醒	适用于各周界围墙、栅栏处
5			禁止翻越	警示、提醒	适用于各周界围墙、栅栏处
6			禁止入内	警示、提醒	适用于电站禁区、重点防护区等区域
7			禁止通行	警示、提醒	适用于禁止未经授权人员通行的主要出入口
8			禁止航行	警示、提醒	适用于禁航周界处
9			禁止烟火	警示、提醒	适用于电站有防火要求的设备、建筑物等
10		提示标志	所有访客必须登记标志	警示、提醒	适用于电站厂区、业主营地等大门口
11			进入厂区请佩戴员工证标志	警示、提醒	适用于电站厂区、业主营地等大门口
12			限制速度标志	警示、提醒	适用于电站主要道路沿途、近车辆出入口处
13			停车检查标志	警示、提醒	适用于电站厂区、业主营地等大门口
14			警示浮筒	警示外界船只及人员勿擅闯禁航水域	适用于库区禁航水域
15	实体屏障	围墙或栅栏	砖墙	防止暴恐分子通过周界入侵，起到防御和阻碍的作用	适用于电站周界、防护区、监视区、禁区等区域
16			钢栅栏	防止暴恐分子通过周界入侵，起到防御和阻碍的作用	适用于电站周界、防护区、监视区、禁区等区域

续表

序号	防范设施分类		物防设施名称	防护性能	参考适用范围
17	实体屏障	围墙或栅栏	被动防护网	防止暴恐分子通过山地制高点投掷滚石对电站建筑物或人员进行袭击，起到防御和阻碍的作用	适用于不适合修建砖墙和栅栏的山地周界区域
18		门岗	门卫室	出入口检查，防止非法分子武装袭击执勤人员，应设包裹寄存室	适用于电站各主要出入口
19			成品岗亭	防止暴恐分子通过入侵电站重要区域或重点保护目标	适用于电站各安保执勤点
20		安全门窗	安全门	拦截非经允许的人员通行	适用于枢纽建筑物各出入口
21			金属防护门	防止未经允许的车辆和人员强行闯入	适用于电站设门的主要出入口或洞室建筑物出入口
22			防盗安全门	防止未经允许的人员强行闯入	适用于中控室、继保室等重点电气设备室
23			电动伸缩门	防止未经允许的车辆和人员强行闯入	适用于电站各出入口的大门
24			防盗安全窗	防止未经允许的人员强行闯入	适用于电站各枢纽建筑物
25		机动车阻挡装置	道闸	液压式防撞道闸、旋转式道闸、地埋式道闸具备较好的阻车性能	适用于电站各出入口，适合汽车炸弹袭击的防护
26			路桩	具有良好的抗冲击和撞击能力，汽车、硬物撞击不会损坏	适用于电站枢纽建筑物、办公楼、宿舍楼等门口
27			路障机	具有良好的抗冲击和撞击能力，防止车辆强行闯入	适用于电站主要出入口，阻止车辆强行冲关

续表

序号	防范设施分类		物防设施名称	防护性能	参考适用范围
28	实体屏障	机动车阻挡装置	破胎器	拦截非允许车辆及恐怖车辆通行	适用于电站主要出入口、各主要道路
29			阻车钉	拦截非允许车辆及恐怖车辆通行	适用于电站主要出入口、各主要道路
30			防撞隔离栏（墩）	防止非允许车辆及恐怖车辆越道入侵	适用于电站主要出入口、各主要道路沿线
31	行包寄存设施		包裹寄存室（柜）	避免可疑分子通过夹带爆炸物等危险物品进入防范区域	适用于电站游览区域入口
32	防爆器材	被动防护	防暴盾牌	具备耐冲击、耐穿刺性能，可以抵挡硬物、钝器以及不明液体、低速子弹的袭击	适用于在镇暴过程中推挤对方和保护自己
33			防暴头盔、防弹头盔	保护保安人员在执行公务时抵御头部及面部受到打击伤害或其他潜在的伤害	适用于安保人员
34			防弹衣	用于防护弹头或弹片对人体的伤害	适用于电站从业人员在有被暴恐分子武装袭击的危险的情况下穿着
35			防刺衣	具有防刀割、刀砍、刀刺、带棱角物体刮划等功能，用于防护刀具对人体的伤害	适用于电站从业人员在有被割伤的危险的情况下穿着
36			防暴服	具备耐高低温、耐穿刺、抗冲击、击打能量吸收、阻燃性能，保护人体各部位	适用于防暴、大规模暴乱的镇压等领域
37		主动防护	钢叉	抵御外来不法侵害，能有效制服歹徒，可避免歹徒近距离人身伤害	适用于电站安保人员使用

续表

序号	防范设施分类		物防设施名称	防护性能	参考适用范围
38	防爆器材	主动防护	防暴抓捕器	具备锁腕或锁腰功能，可避免安保人员防暴、抓捕过程中与对方直接肢体接触	适用于电站安保人员使用
39			捕捉网发射器	利用膨胀气体发射一张坠有重物的网，具备罩住暴徒的功能	适用于电站安保人员使用
40			警棍	通过击打暴恐的四肢神经点使其暂时丧失活动能力，或通过挥舞警棍取得并保持安全距离，达到制服或驱逐的目的	适用于电站安保人员使用
41	排爆装备		防爆毯	能阻挡易爆物爆炸时产生的冲击波和碎片，通过隔离原理防范及减弱爆炸物品爆炸时对周边人员及物品造成损伤	适合电站重点防范区域的门卫室或安保执勤点，用于爆炸物品的隔离处理
42			防爆罐（桶型、球型、车载防爆罐）	具有较强的抗爆性，防范及减弱爆炸物品爆炸时对周边人员及物品造成损伤	适合电站等重点防范区域的门卫室或安保执勤点，用于爆炸物品的实时处理
43	照明器材		应急灯	用于黑暗下紧急照明	适合黑暗环境下使用
44			强光手电	具有发现目标迅速、强光压制、心理威慑等多重功能	适用于夜间搜索和处置特殊情况的需要
45			探照灯	用于远距离照明和搜索	适用于大坝坝顶、业主营地、厂房枢纽等区域
46	应急用品		毛巾、防毒口罩	防止毒气或烟气对人体的伤害	适用于电站从业人员使用
47			空气呼吸器	防止毒气或烟气对人体的伤害	适用于电站从业人员使用

续表

序号	防范设施分类	物防设施名称	防护性能	参考适用范围
48	通信器材	对讲机	不需要任何网络支持的情况下实现实时通话	适用于通信信号被截断情况下短距离通话，可应用于各保安岗亭
49	通信器材	电话机	具备语音通话功能，能及时报告暴恐信息	适用于通信线路畅通情况下不限距离通话，可应用于电站各人员作业点
50		手机	具备语音通话功能，能及时报告暴恐信息	适用于通信信号畅通情况下不限距离通话，电站任何从业人员可随时携带
51	巡防巡逻设施	巡逻机动车	能发挥提速增效作用，及时发现并处理异常情况	适用于电站安保人员执勤巡逻
52		巡逻艇	防范、查堵、拦截非法入侵电站水域禁区的船只及人员	适用于电站周边水域的执勤巡逻

根据抽水蓄能电站工程的自身特点和防恐防暴的防护级别及要求，工程物防设施配置标准见表3-4。

表3-4　　抽水蓄能电站工程物防设施配置表

序号	大类		小类	配置要求	重要目标设置标准		
					一类	二类	三类
1	警示警戒标志	禁止标志	限制区域非授权人员禁止进出标志	中控室、配电室等重要设备室出入口	应设	应设	应设
2			厂区围墙周边禁止停放任何车辆标志	各周界围墙、栅栏处	宜设	宜设	可设
3			禁止车辆通行标志	禁止未经授权车辆通行的主要出入口	应设	应设	应设
4			禁止攀登	各周界围墙、栅栏处	应设	应设	应设
5			禁止翻越	各周界围墙、栅栏处	应设	应设	应设
6			禁止入内	禁区、重点监视区等区域	应设	应设	宜设

续表

序号	大类		小类	配置要求	重要目标设置标准		
					一类	二类	三类
7	警示警戒标志	禁止标志	禁止通行	禁止未经授权人员通行的主要出入口	应设	应设	应设
8			禁止航行	禁航水域周界处，一般与警示浮筒联合使用	宜设	宜设	可设
9			禁止烟火	有防火要求的设备、建筑物等所在区域	应设	应设	应设
10		提示标志	所有访客必须登记标志	厂区、业主营地等大门口	应设	应设	应设
11			进入厂区请佩戴员工证标志	厂区、业主营地等大门口	宜设	宜设	宜设
12			限制速度标志	主要道路、车辆出入口处	应设	应设	应设
13			停车检查标志	厂区、业主营地等出入口	应设	应设	应设
14			警示浮筒	库区禁航水域	宜设	宜设	可设
15	实体屏障	围墙或栅栏	砖墙	防护区、监视区、禁区等周界区域	应设	应设	应设
16			钢栅栏	防护区、监视区、禁区等不适合修砌砖墙的周界区域	应设	应设	应设
17			被动防护网	不适合修建砖墙和栅栏的复杂地形环境周界区域	应设	应设	应设
18		门岗	门卫室	进入电站枢纽区、营地等主要出入口	应设	应设	应设
19			成品岗亭	各安保执勤点	应设	应设	应设
20		安全门窗	安全门	枢纽建筑物室内各出入口	宜设	宜设	宜设
21			金属防护门	各主要建筑物出入口大门、辅助洞室和竖井出口	应设	应设	应设
22			防盗安全门	中控室、继保室、配电室等重点电气设备室	应设	应设	应设
23			电动伸缩门	车辆、人员通行的出入口大门	宜设	宜设	宜设
24			防盗安全窗	各枢纽建筑物	应设	应设	应设

续表

序号	大类		小类	配置要求	重要目标设置标准		
					一类	二类	三类
25	实体屏障	机动车阻挡装置	道闸	各有车辆通行的出入口，适合汽车炸弹袭击的防护	应设	应设	应设
26			路桩	枢纽建筑物、办公楼、宿舍楼等主要出入口	应设	应设	应设
27			路障机/破胎器/阻车钉	对主要出入口、各主要道路车辆通道实施控制，一般与道闸配合使用，起到双重防护的作用	应设	宜设	宜设
28			防撞隔离栏（墩）	对主要出入口、各主要道路实施隔离和分流	宜设	宜设	宜设
29	行包寄存设施		包裹寄存室（柜）	游览区域入口处，设置在入口门卫室	应设	应设	应设
30	防爆器材	被动防护	防暴盾牌	在镇暴过程中推挤对方和保护自己，安保人员使用，在各门卫室和执勤岗亭配置	应设	应设	应设
31			防暴/防弹头盔	安保人员使用，在各门卫室和执勤岗亭配置	应设	应设	应设
32			防弹衣/防刺衣	安保等从业人员在有被暴恐分子武装袭击的危险的情况下穿着，在各门卫室和执勤岗亭配置	应设	应设	应设
33			防暴服	防暴、大规模暴乱的镇压等领域，主要在各门卫室配置	宜设	宜设	可设
34		主动防护	钢叉、警棍	安保人员使用，在各门卫室和执勤岗亭配置	应设	应设	应设
35			防暴抓捕器、捕捉网发射器	安保人员使用，在各门卫室和执勤岗亭配置	宜设	宜设	可设

续表

序号	大类	小类	配置要求	重要目标设置标准		
				一类	二类	三类
36	排爆装备	防爆毯	厂房、开关站等重点监视区、禁区的门卫室，用于爆炸物品的隔离处理	应设	宜设	可设
37		防爆罐（桶型、球型、车载防爆罐）	厂房、开关站等重点防范区域的门卫室，用于爆炸物品的实时处理	应设	宜设	可设
38	照明器材	应急灯（移动式）	黑暗环境下应急逃生使用，配置在安保执勤点和门卫室	应设	应设	应设
39		强光手电	夜间搜索和处置特殊情况的需要，配置在安保执勤点和门卫室	宜设	宜设	宜设
40		探照灯	大坝坝顶、业主营地、厂房枢纽、水域禁航区等区域	应设	应设	应设
41	应急用品	防毒面罩	电站人员在有毒有害气体环境中使用	应设	应设	应设
42		空气呼吸器	电站人员在有毒有害气体环境中使用	应设	应设	应设
43	通信器材	对讲机	通信信号被截断情况下短距离通话，可应用于各保安岗亭	应设	应设	应设
44		电话机	通信线路畅通情况下不限距离通话，可应用于电站各人员作业点	应设	应设	应设
45		手机	通信信号畅通情况下不限距离通话，电站任何从业人员可随时携带	宜设	宜设	宜设
46	巡防巡逻设施	巡逻机动车	安保人员执勤巡逻	宜设	宜设	可设
47		巡逻艇	周边水域的执勤巡逻	宜设	可设	可设

3.2.11 防恐防暴物防设施使用年限要求

防恐防暴物防设备、设施和装置的运行、维护及报废处理，应符合国家现行标准的有关规定。本分册给出防恐防暴物防设施使用年限的建议值，仅供实际应用中参考。

1. 警示警戒标志

制作警示警戒标志的常用材料包括 ABS 板（丙烯腈/丁二烯/苯乙烯共聚物板）、PP 板（聚丙烯板材）、透明乙烯、铝板、自发光等。其中 ABS 板耐磨性高，无毒环保，经济实惠，适应温度为－40～80℃，经久耐用，室外环境使用寿命平均为 5～7 年；PP 板表层耐磨损，无毒环保，韧性好，具有一定的防腐、耐酸碱性能，适应温度为－40～80℃；经久耐用，室外环境使用寿命平均为 5～7 年；透明乙烯具有极高的透明性和粘贴性，耐褪色，耐常见化学品腐蚀，可用于任何粗糙干燥表面，无毒环保，适应温度为－40～80℃；使用寿命平均为 3～5 年；铝板属于室外超耐久标识材料，硬度高，耐强腐蚀，可用于高温、盐雾等特别恶劣的环境，适应温度为－40～400℃，使用寿命平均为 5～10 年；自发光材料可在日照和完全黑暗环境中识别，适应温度为－40～80℃，使用寿命平均为 3～5 年。

警示警戒标志牌至少每半年检查一次，如发现有破损、变形、褪色等不符合要求时应及时修整或更换。

2. 实体屏障

根据《中华人民共和国企业所得税法实施条例》（中华人民共和国国务院令第 512 号）第六十条规定："除国务院财政、税务主管部门另有规定外，固定资产计算折旧的最低年限如下：（一）房屋、建筑物，为 20 年；（二）飞机、火车、轮船、机器、机械和其他生产设备，为 10 年；（三）与生产经营活动有关的器具、工具、家具等，为 5 年；（四）飞机、火车、轮船以外的运输工具，为 4 年；（五）电子设备，为 3 年"。

（1）围墙采用钢筋混凝土结构的，其使用年限为 30 年；采用砖混结构的，其使用年限为 20 年。

（2）钢栅栏使用年限为 30 年。

（3）被动防护网采用 316 不锈钢丝或 304 不锈钢丝的，其使用年限为 20 年。

（4）门卫室使用年限为 35 年。

（5）成品岗亭使用年限为 8 年。

（6）安全门机械寿命 300 万次以上，使用年限为 10 年。

（7）金属防护门使用年限为 10 年。

（8）防盗安全门使用年限为 10 年。

（9）电动伸缩门使用年限为 5 年。

（10）防盗安全窗使用年限为 5 年。

（11）道闸使用年限为 8 年。

（12）路桩使用年限为 15 年。

（13）路障机使用年限为 15 年。

（14）破胎器使用年限为 10 年。

（15）阻车钉使用年限为 10 年。

（16）防撞隔离栏（墩）采用滚塑成型的使用年限为 3 年，采用水泥材质的使用年限为 15 年。

3. 行包寄存设施

包裹寄存室（柜）使用年限为 30 年。

4. 防暴器材

（1）防暴盾牌使用年限为 5 年。

（2）防暴/防弹头盔使用年限为 7 年。

（3）防弹衣使用年限为 5 年。

（4）防刺衣使用年限为 5 年。

（5）钢叉使用年限为 5 年。

（6）防暴抓捕器使用年限为 5 年。

（7）捕捉网发射器使用年限为 5 年。

（8）警棍使用年限为 5 年。

5. 排爆装备

（1）防爆毯使用年限为 5 年。

（2）防爆罐（桶型、球型、车载防爆罐）由 3 重结构、4 种填充材料组合而成，外包不锈钢，上有抗爆盖。3 重结构为外罐、花罐、填充层，4 种填充材料为特种抗爆、抗老化、耐火抗爆胶、特制蓬松层。填充层使用年限为 5 年；罐体如无爆炸发生，可终身存放。

6. 照明器材

（1）应急灯使用寿命年限为 8 年。

（2）强光手电使用年限为5年。

（3）探照灯使用年限为5年。

7. 应急用品

（1）毛巾、防毒口罩使用年限为3年。

（2）空气呼吸器由全面罩、供给阀、气瓶、背托、减压器、气瓶阀、压力警报显示器等结构组成。其中对气瓶的试验周期和使用年限作出了相关规定：气瓶一般每3年进行1次水压试验，超高强度气瓶的使用年限为12年，复合气瓶的使用年限为15年。

8. 通信器材

（1）对讲机使用年限为8年。

（2）电话机使用年限为5年。

（3）手机使用年限为3年。

9. 巡防巡逻设施

（1）巡逻机动车使用年限为9年。

（2）巡逻艇使用年限为9年。

3.3 防恐防暴物防设施运行维护要求

3.3.1 警示（警戒）标志

按标准规范要求在电站相应区域醒目位置设置相关的警示（警戒）标志，加强标志的日常巡查工作，对设置不到位或损坏的标志及时予以补充或更换。

3.3.2 砖墙

加强砖墙的日常维护工作，对损坏或被破坏的地方及时进行修补，对电子围栏不定时进行巡检，确保加装的电子围栏正常运行。

3.3.3 钢栅栏

加强钢栅栏的日常维护工作，对损坏或被破坏的栅栏及时进行修补，做好钢栅栏的防腐蚀工作。

3.3.4 被动防护网

加强被动防护网的日常维护工作，对损坏或被破坏的地方及时进行修补或更换。

3.3.5 门卫室及成品岗亭

在值勤状态下，保证配备的各类防暴器材处于待命状态，确保门卫室及岗亭处于防护状态，门窗紧闭，维持一个相对安全封闭的值勤环境。

3.3.6 安全门

安全门细分为伸缩式速通门（翼闸）、摆动式速通门（摆闸）、光学门、三辊闸、旋转门（转闸）、平移闸、一字闸、平开门。其中适用于水电工程防恐防暴物防的安全门主要有伸缩式速通门（翼闸）、摆动式速通门（摆闸）、三辊闸、平移闸。安全门一般均为读卡通行，设备通电后，系统进入工作状态；读卡器读到有效卡时，蜂鸣器会发出悦耳声响，向行人提示读卡成功；同时，还对从卡中读到的信息进行判断、处理，并向主控制板发出申请通过信号；主控板接收到读卡器的信号，并经综合处理后，向方向指示器和电磁铁发出有效控制信号，使方向指示标志转为绿色箭头通行标志，同时闸机发出设定语音，主控板控制电磁铁通电，限位开关控制机芯动转角度，允许行人推杆通行；行人根据方向指示器标志指示通过通道后，限位开关感应到行人通过通道，并向主控板发出信号，电磁铁断电，机芯锁死，行人不能通过；若行人忘记读卡或读无效卡进入通道时，系统将禁止行人通行。

3.3.7 金属防护门

金属防护门采取遥控操作的方式，正常情况下处于关闭状态。当有人员或车辆进出时，经值勤保安核实相关身份后，启动开启按钮开启金属防护门予以放行。

3.3.8 防盗安全门

在正常情况下，各区域的防盗安全门处于锁闭状态，必须持有相应防盗门的钥匙方可进入。

3.3.9 电动伸缩门

电动伸缩门主要由伸缩门体、机头、控制器三部分组成。

1. 使用方法

（1）接通电源，控制盒电源指示灯亮。

（2）按“开”键，工作指示灯亮，门体收缩，大门通道自动打开。

（3）按“关”键，工作指示灯亮，门体伸展，大门通道自动关闭。

（4）遇到停电时，可打开机头箱门，用专用钥匙插入匙孔，旋转180°，即可转为人工推拉。

（5）手持遥控手柄可在控制盒周围10～30m内（根据现场的无线电通信环境而定）活动控制，按遥控手柄的“开”键，大门自动打开；按“关”键，大门自动关闭。

2. 维护要求

(1) 电动伸缩门电源必须架设专线，严禁与其他电器并用。

(2) 产品在安装牢固、经调试合格后方能使用。

(3) 控制盒必须安装在干燥、通风的位置，严禁靠近大功率无线电器材，使用控制按键时，不要用力过大、过猛，避免损坏。

(4) 门体运行时，导轨上严禁人员及车辆停留。

(5) 操作人员应随时留视门体运行情况，以免发生意外。

(6) 轨道内应经常清扫，以免杂物堆积影响运行。

(7) 驱动器每年至少要加注一次润滑脂，链条应经常加注润滑油，并检查各部件磨损情况，磨损严重的机件要及时维修或更换。

(8) 推拉电动伸缩门时，开和关轻、缓，禁止猛推猛拉，造成损坏。

3.3.10 防盗安全窗

在正常情况下，各区域的防盗安全窗处于锁闭状态，非常情况下须经安保部门批准后方可开启。

3.3.11 防撞道闸

1. 操作步骤

(1) 操作人员在各道闸设备旁固定位置的电控箱内把控制总电源的断路器合上，红色指示灯点亮，电动道闸的电源就已送上。准备工作结束。

(2) 由操作人员在各道闸设备旁固定位置的电控箱上把向上运行按钮按下，电动道闸就向上运行，同时电动道闸电控箱上向上绿色指示灯点亮，按下停止按钮电动道闸就能正常停止。按下向下运行按钮电动道闸就向下运行，同时电动道闸电控箱上向下绿色指示灯点亮，按下停止按钮电动道闸就能正常停止。在电动道闸上设置上下限位开关，电动道闸到达极限位置可自动停车。同时，在电动道闸上设置声光报警器，如电动道闸一运行报警器就同时声光报警，引起旁人的注意，确保运行的安全。

(3) 操作人员也可在控制室内集中操作控制，分别按下控制各电动道闸的上或下按钮，就可以分别控制各电动道闸的上下运动，同时现场相应的声光报警器也开始工作。如需让电动道闸制动停车，分别按下控制各电动道闸的停止按钮，电动道闸正常停止。

注意：启停时要使用控制按钮，尽量避免使用限位器停车。

2. 检修与维护

(1) 电动道闸不能正常运行，检查是否有电。

(2) 检查各道闸设备旁固定位置的电控箱内的断路器是否合上，电控箱上红色电源指示灯是否点亮。

(3) 如所有电源正常，应点亮的指示灯都点亮。电动道闸就可以正常运行。

3.3.12 路桩

(1) 通过有源遥控器，进出地感以及定制化程序可以对护柱进行单独操作或集体操作。

(2) 回收护柱时至少要平行或者略低于地平面，可以保证机动车的无障碍通行及除雪设备的正常工作。

(3) 由完全升起状态到完全回收状态，单趟行程历时不少于 3s，回收速度在安装结束后允许被重新调节设置。

(4) 由完全回收状态到完全升起状态，单趟行程历时不少于 3s，升起速度在安装结束后允许被重新调节设置。

(5) 升降周期的循环 储气装置需要储存足够的空气以保证护柱在 60s 内进行 3 个完整周期的升降操作。

3.3.13 路障机

1. 路障机操作流程

(1) 将配电箱总闸合上，电源指示灯亮。

(2) 按下控制器上的第一绿色按钮（上升），此时电动机启动，液压站工作，蜂鸣器发出嘀嘀……的声音，路障机将在规定的时间内升到顶部，到液压站电动机停止工作，蜂鸣器停止鸣叫，路障机锁定在预定位置。若想让路障机在上升的过程中停在某个位置，可以直接按下红色按钮（停止）即可。此时液压站将停止工作。

(3) 当让路障机落回地平面时，可以直接按下另外一个绿色按钮（下降），此时液压站电动机启动，液压站工作，蜂鸣器发出鸣叫的声音，时间继电器的设定时间到，液压站停止工作，路障机将会停止在支架底盘，这时可以使车辆通行。

(4) 当有紧急情况时，按下停止按钮路障机停止工作。

2. 注意事项

(1) 在使用路障机前，须了解各部分的用途、使用方法，经学习培训后方可操作，以免损坏路障机。

（2）液压系统中液压油一旦受到污染或超过使用期限，必须采取果断措施，立即更换新的液压油。首次使用由于液压管路中存有空气，需反复试运行几次排除空气，以达到系统稳定运行。

（3）当发生故障时，或有不正常的声音时（蜂鸣器长鸣），应立即停止主电动机，按下停止按钮或直接切断电源，此时电路断电。待故障排除后再进行操作。

（4）液压泵站固定好后擦拭干净，仔细清洗油箱，注油（油要经过过滤，过滤精度至少为 20μm。液压油的污染度不低于 ISO 4406《液压传动　油液　固体颗粒污染等级代号法》中 19/16（NAS10 级）。推荐 46 号抗磨液压油或同性质机械油，使用温度 15～55℃。为保证液压系统常工作，油液至少 8 个月过滤一次。

（5）参照液压布管图铺设管路（管路超过 2m 应做管卡支撑），将液压泵站出油口与油缸的进油口接通。

（6）非电气专业人员不得随意打开配电箱和拆装电器元件，以防触电或误接。

（7）每月检查配电箱内的漏电保护器一次，检查其性能是否良好，以保证人身安全。

（8）保持配电箱干燥，通风。

（9）严禁在路障机上进行任何带电作业。

（10）路障机在运转过程中严禁人员靠近，以免发生危险。

（11）当路障机坑内有积水时，及时启动排水系统把水排掉。

3.3.14　机电式防冲撞阻车破胎器

在需要执行拦截任务时，按动遥控器上升键，破胎器内的钢板刀片迅即伸出，如车辆强行通过，轮胎将被刺破而放气，同时钢板刀片能有效阻止车轮轱辘通行而被迫停车。

拦截任务结束，按动遥控器下降键，钢板刀片迅即回位至地平面以下，转入待命状态。具有破胎、阻车双重作用，价格低廉，能部分替代防撞墙的作用。

3.3.15　阻车钉

1. 使用方法

以遥控自动/手动两用便携式阻车钉为例，其使用方法为：

（1）装备箱轮面向下放到路面-牵引装置朝展开方向-打开两侧锁扣-打开牵引装置电源开关（红色键亮起为待机状态）。

（2）拉出遥控器天线——按前进键（上键），钉带展开至所需长度松开按键即停。

（3）收拢时，按后退键（下键）钉带收拢后松开按键即停（注：遥控设有延时功能，操作时掌握好提前量，否则会因强大惯性撞击箱体造成损坏）。

（4）收箱时将牵引装置与钉带箱接口处对应吻合，然后竖起箱体，按下两侧锁扣。

（5）布设时选择平整路面。

（6）因机电故障不能遥控操作时，可手持牵引装置将钉带拉出，手动完成布设。

2. 注意事项

（1）由于车钉锋利，在操作、维护中避免受伤。

（2）布设时钉带附近须有专人值守，避免误伤行人、车辆。

（3）布防拦截中，严禁任何人员在被拦截车辆与钉带惯性方向 25m 范围内出现，避免因车辆破胎后失控等原因造成人员伤害。

（4）装备长期闲置时，60 天左右需要充电一次。

（5）使用后需及时关闭电源开关。

（6）严禁人为恶意重摔，重撞装备箱。

（7）使用和存放中注意防水、防潮、防暴晒。

（8）当重新安放钉子时，务必先将 O 形橡胶圈套置钉轴（钉底座）顶座，否则钉子会容易脱落。

3.3.16　防撞隔离栏（墩）

防撞隔离栏（墩）用来分隔对向或同向行驶的交通流，并有禁止车辆和行人任意穿越道路的作用，一般设置在车行通道主要出入口、道路中心线上或车道分隔线上。设置好后只需加强防撞隔离栏（墩）的日常维护，对损坏或被破坏的地方及时进行修补或予以更换。

3.3.17　检查室（站）及包裹寄存室

检查室（站）及包裹寄存室配备包裹寄存柜。针对游客等外来人员开启包裹寄存柜的随机自由存取功能，针对电站内部员工开启包裹寄存柜的定员定卡定门功能。

1. 随机自由存取功能

以使用者所持ID（IC）卡（即射频卡）作为寄存的凭证：当使用者进行存物操作时，须先按一下操作键盘中的“存”键，5s内刷卡（即让寄存柜读取卡号），寄存柜系统会把该卡号记下，随机给使用者分配没占用的门，将使用的寄存箱的箱号与卡号结合起来，并将信息自动记录下，同时自动打开该箱，供使用者存物，存完后自己关好箱门，门自动上锁；取物时，用户只需刷存物时的ID（IC）卡，寄存柜将读取卡号与先前记录下的信息进行比对，若正确，会打开该箱，让使用者取物。

2. 定员定卡定门功能

通过寄存柜的管理系统将用户所持的ID（IC）卡内的信息设置读取与某个箱号结合在一起，当用户持该卡靠近感应区时，机器读取卡上信息后与记录信息进行对比，若正确会自动打开与其对应箱号的箱门，可不限次数进行开箱。

3.3.18 防暴盾牌

在处置突发事件的现场，双手抓住盾牌，身体下蹲，目视前方，做好持盾牌戒备姿势，当有暴恐分子近距离用刀或枪时，可以用盾牌迅速上挡一下，旨在对付小型武器。根据歹徒袭击的方向，可以用盾牌进行左右格挡，并可择机用盾牌盾使劲撞击暴恐分子，使其不能发挥道具的作用，做到攻守兼备，达到保护自身的目的。

3.3.19 防暴头盔、防弹头盔

使用者根据自己头型尺寸大小，选择合适的产品规格进行使用。先将面罩镜片向头顶方向掀开，再用手指拉住佩带两侧，往两侧拉开，使开口扩张。将头盔前倾，使头部前额先戴入头盔，再往下拉，使头盔完全戴入。头盔戴入后，将头盔前后左右摇动，使头部佩戴舒适，再将佩带调整到适当位置后将插扣插好，连接牢靠。然后将面罩镜片往下拉，使面罩防水橡胶条与壳体前额密合。头盔欲脱掉时，将佩带解开；即用手指按住佩带上的搭扣并拉开，可使佩戴开口扩张，再由前往后脱掉。

使用时必须系紧佩戴，使用前检查面罩上的防水橡胶条与壳体前额是否保持较好的密合度。当头盔发生过一次较大撞击事故后，应立即停止使用或送工厂鉴定确认是否可继续使用。

3.3.20 防弹衣、防刺衣、防暴服

选择适合自己大小的尺码，确保衣服松紧适度，尽量保持衣服干燥，不在阳光下暴晒，并按要求正确清洗。一旦受到过攻击，须及时更换，不允许重复使用。

3.3.21 防暴钢叉、多功能抓捕器

防暴钢叉、多功能抓捕器（脚叉或腰叉）一般组合使用，在处置肇事者时有以下几种战术与战法：由前同向约束、前后双向约束、向后同向约束、左右双向约束。

由前同向约束即持钢叉人员持钢叉由正面与肇事者对峙，并用钢叉吸引肇事者的注意力，持多功能抓捕器的人员由正面用抓捕器迅速钩住肇事者的小腿或腰部，持钢叉的人员挡住肇事者的攻击路线，持多功能抓捕器的人员用力向后猛拉抓捕器，使肇事者失去重心，同时，持钢叉的人员用钢叉向前猛推肇事者上身，两人协同将肇事者制服。

前后双向约束即持钢叉的人员在肇事者正面用钢叉吸引肇事者的注意力，持抓捕器的警员迅速由后接近肇事者，并由肇事者用抓捕器钩住肇事者的后腿或腰部，用力向后拉抓捕器使肇事者失去重心倒地，持钢叉的人员迅速用钢叉卡住肇事者的上身，协同将肇事者制服。

向后同向约束即乘肇事者不备之机，两安保人员协同从肇事者身后接近目标，持钢叉的人员用钢叉卡肇事者的颈部，持抓捕器的人员用抓捕器钩肇事者的后腿，采用一推一拉的方式，协同将肇事者制服。

左右双向约束即两安保人员分别持钢叉和抓捕器从肇事者的两侧接近目标，持钢叉的人员用钢叉卡住肇事者的颈部，持抓捕器的人员用抓捕器勾住肇事者的小腿或腰部，持抓捕器的人员首先用抓捕器破坏肇事者的身体重心，然后，持钢叉的人员顺势用钢叉将肇事者推到，协同将肇事者制服。

3.3.22 捕捉网发射器

捕捉网发射器又称抓捕器、飞网防暴器等。它利用膨胀气体发射一张坠有重物的网，一经发射，如同罗网从天而降，将暴徒牢牢地罩在里面，使之争脱不掉、逃跑不了。它广泛适用于安保工作，适用于铁路、矿山、资源保护区及工厂、银行、商场、公共娱乐等场所的抓捕和治安保卫工作，在需要制止或抓捕犯罪嫌疑人时，当犯罪嫌疑人一进入发射器的有效距离时，只要对准目标扣发动扳机射出捕网，即能将目标罩住。

3.3.23 警棍

警棍是安保人员执行公务时佩带的自卫防暴器械，安保人员应严格保管和

使用，其使用应遵守以下操作规程：

（1）当值安保人员在巡逻时应将警棍挂在腰带后侧。

（2）不得在岗位上随便玩耍或挥舞警棍或转借他人。

（3）处理一般问题时，不得手持警棍或用警棍指着客人讲话。

（4）非紧急情况或人身安全未受威胁的情况下，安保人员不得以任何借口或理由使用警棍攻击他人。

3.3.24　防爆毯

（1）防爆毯从硬度上分为软体和硬体两种，从规格上分为1.2m见方和1.6m见方两种。它是由防爆围栏和防爆毯两部分组成的。在使用时先用防爆围栏将可疑爆炸物罩住，尽量将可疑爆炸物置在中心，然后再将防爆毯盖在围栏之上（防爆毯也尽量铺向中心）。

（2）防爆毯因内部材料性能特点绝对不能将其放置在强紫外线光照的条件下，所以在存放的时候，尽量背光，不然会影响其使用寿命和防爆能力。

（3）当防爆毯被爆炸后，不得再次使用。

3.3.25　防爆罐（桶型、球型、车载防爆罐）

以球型防爆罐为例，其使用操作方法如下：

（1）球形防爆罐运输到目的地后，开启球盖，防爆罐进入工作状态。

（2）将可疑物放入球形防爆罐内，用手拉限位把手，防爆罐球盖自动关住，并处于锁紧位置，可移动防爆罐至安全地域。

（3）当防爆罐移至安全地域后需要将可疑物从球形防爆罐取出时，待人员撤离后，用手拉动开启把手，使压缩弹簧从球盖钩脱离，球盖的自重使球盖沿罐体轴向向下移动，球盖全部打开，可用专用工具从防爆罐取出可疑物。

（4）当需要销毁爆炸物时，将雷管（起爆药）及导线从销毁装置孔插入同爆炸物相连，在人员撤到安全地域后起爆。

（5）当使用防爆罐发生一次或多次爆炸后如出现下列之一现象时不得再继续使用该罐：

1）罐体存在明显变形。

2）有通透裂纹和孔洞。

3）防爆盖与罐体间隙大于5mm。

4）防爆盖或法兰鼓起大于2mm。

（6）销毁装置是专门为销毁爆炸物用的，可以将雷管及导线从该孔插入，该装置自动下压闭锁。

3.3.26　应急灯

安保人员每月定期对电站枢纽区所有的应急灯具进行充、放电工作。首先断开电源插头，进行放电90min然后恢复电源进入工作状态。一旦发现应急灯出现故障，应及时维护、修理或更换。

3.3.27　强光手电

强光手电具有频闪功能，发出的强光照射会使对手极度眩目，无法看清周围一定范围内的情况，具有发现目标迅速、强光压制、心理威慑等多重功能，适用于夜间搜索和处置特殊情况的需要，在面对目标时打开开关，将强光对准照射至目标眼睛即可。

3.3.28　探照灯

探照灯装设于电站大坝坝顶、业主营地高地等部位，在照明条件差或夜间通电开启时，对电站水域、业主营地等区域进行全方面扫描，以供安保人员看清其照射区域内的情况。

3.3.29　防毒面罩

（1）采用防毒面罩时，必须根据现场的毒气种类选用适当型号的防毒药剂，不能随便代替。

（2）防毒面罩一般适用于毒气体积浓度不高于0.1%，空气中氧气体积浓度不低于18%，环境温度−30～+45℃的外部环境。

（3）面罩使用前应检查各部件是否完好。

（4）佩戴面罩必须保持端正，要调整面罩至不松动，不漏气。

（5）面罩在使用中，如面罩内开始嗅到有毒气体的轻微气味，应立即离开毒气区域，更换新的滤毒药剂。

3.3.30　空气呼吸器

1. 用前检查

（1）打开空气瓶开关，气瓶内的储存压力一般为25～30MPa，随着管路、减压系统中压力的上升，会听到余压报警器报警。

（2）关闭气瓶阀，观察压力表的读数变化，在5min内，压力表读数下降应不超过2MPa，表明供管系高压气密性好。否则，应检查各接头部位的气密性。

（3）通过供给阀的杠杆，轻轻按动供给阀膜片组，使管路中的空气缓慢地排出，当压力下降至4～6MPa时，余压报警器应发出报警声音，并且连续响到压力表指示值接近零时。否则，就要重新校验报警器。

(4) 压力表有无损坏，它的连接是否牢固。

(5) 中压导管是否老化，有无裂痕，有无漏气处，它和供给阀、快速接头、减压器的连接是否牢固，有无损坏。

(6) 供给阀的动作是否灵活，是否缺件，它和中压导管的连接是否牢固，是否损坏。供给阀和呼气阀是否匹配。带上呼气器，打开气瓶开关，按压供给阀杠杆使其处于工作状态。在吸气时，供给阀应供气，有明显的"咝咝"响声。在呼气或屏气时，供给阀停止供气，没有"咝咝"响声，说明匹配良好。如果在呼气或屏气时供给阀仍然供气，可以听到"咝咝"声，说明不匹配，应校验正型式空气呼气阀的通气阻力或调换全面罩，使其达到匹配要求。

(7) 检查全面罩的镜片、系带、环状密封、呼气阀、吸气阀是否完好，有无缺件和供给阀的连接位置是否正确，连接是否牢固。全面罩的镜片及其他部分要清洁、明亮和无污物。检查全面罩与面部贴合是否良好并气密，方法是：

1) 关闭空气瓶开关，深吸数次，将空气呼吸器管路系统的余留气体吸尽。

2) 全面罩内保持负压，在大气压作用下全面罩应向人体面部移动，感觉呼吸困难，证明全面罩和呼气阀有良好的气密性。

(8) 检查空气瓶和减压器的连接是否牢固、气密型是否良好。背带、腰带是否完好，有无断裂处等。

2. 佩戴方法

(1) 佩戴时，先将快速接头断开（以防在佩戴时损坏全面罩），然后将背托在人体背部（空气瓶开关在下方），根据身材调节好肩带、腰带并系紧，以合身、牢靠、舒适为宜。

(2) 把全面罩上的长系带套在脖子上，使用前全面罩置于胸前，以便随吮佩戴，然后将快速接头接好。

(3) 将供给阀的转换开关置于关闭位置，打开空气瓶开关。

(4) 戴好全面罩（可不用系带）进行2～3次深呼吸，应感觉舒畅。屏气或呼气时，供给阀应停止供气，无"咝咝"的响声。用手按压供给阀的杠杆，检查其开启或关闭是否灵活。一切正常时，将全面罩系带收紧，收紧程度以既要保证气密又感觉舒适、无明显的压痛为宜。

(5) 撤离现场到达安全处所后，将全面罩系带卡子松开，摘下全面罩。

(6) 关闭气瓶开关，打开供给阀，拔开快速接头，从身上卸下呼吸器。

3.3.31 对讲机

(1) 对讲机通信频道统一设置，使用人不得随意设置、更换对讲机频段、频道和更改编号。

(2) 在现场使用对讲机时必须用耳塞，音量应调整到合适的位置。

(3) 使用人必须随身携带，并保持开启状态，不得长时间关机。

(4) 对讲机应轻拿轻放，通话时不要用手接触天线，以免影响通信质量，使用过程中不要进行多次开、关机的动作。

(5) 严格按对讲机充电程序充电，以保障电池性能、寿命和使用效果。对讲机更换电池时必须先关掉电源和主机上的开关，保护和延长对讲机的使用寿命。不得烘烤电板或采用直接短路放电。

(6) 对讲机天线不能拧下，以免在发射时把功率管烧坏。

(7) 使用人应妥善保管对计机，主动做好除尘、保洁等日常养护工作。不在雾气、雨水等高湿度环境下存放或使用对讲机。

3.3.32 电话机

电话机操作主要为拨打电话和接听电话。拨打电话时，拿起手柄或按免提键，听到拨号音后拨号，当听到回铃音时，等待对方应答；如果听到忙音，只按重拨/回拨键即可将刚才所拨的号码拨出去，通话完毕挂好手柄或按免提键。接听电话时，听到电话铃声拿起手柄或按免提键即可与对方通话，通话完毕挂好手柄或按免提键。

3.3.33 手机

在通信信号畅通的情况下，通过手机拨号/接听即可实现双方通话，并可利用手机在不便通话的情况下发送文字、图片信息。

3.3.34 巡逻机动车

使用巡逻车之前仔细检查车况、电量或油量是否能正常使用。车辆巡逻时严格按照规定的巡逻路线行驶，车辆停放时按规定的地点停放。出现故障时应及时上报安保部门修理。

3.3.35 巡逻艇

电站上下库水域各配置一艘巡逻艇，作为上下库水域的物防设施，禁止一切可疑物进入进出水口区域。日常巡逻过程中需做好船体舱面及驾驶与机舱两部分的管理维护工作。

第 4 章　技防措施通用设计

4.1　防恐防暴技防设施设计标准及设计要求

技术防范（技防）是指利用各种电子信息设备组成系统和/或网络以提高探测、延迟、反应能力和防护功能的安全防范手段；一般由安全管理系统和若干个相关子系统组成，各子系统的基本配置包括前端、传输、信息处理/控制/管理、显示/记录四大单元。

根据 GA 1089—2013《电力设施治安风险等级和安全防范要求》和《电力行业反恐怖防范标准（试行）（水电工程部分）》的有关规定，结合抽水蓄能电站工程特点，技防设施按表 4-1 配置。

表 4-1　　抽水蓄能电站技防设施配置表

序号	项目		安装区域或覆盖范围	重要目标设置标准		
				一类	二类	三类
1	监控中心	安防系统	禁区	应设	宜设	宜设
2	视频安防系统	摄像机	防护区主要出入口和监视区、禁区	应设	应设	宜设
		图像显示、记录与回放装置	监控中心	应设	应设	宜设
3	入侵报警系统	入侵探测仪	禁区周界	应设	宜设	宜设
		紧急报警装置	出入口和重要部位	应设	应设	应设
		报警控制器	监控中心	应设	宜设	宜设
		终端图形显示装置	监控中心	应设	宜设	宜设
4	出入口控制系统	出入口控制装置	禁区出入口	应设	宜设	宜设
		信息处理装置	监控中心	应设	宜设	宜设
5	停车库管理系统		停车库（场）	宜设	可设	可设
6	电子巡查系统		禁区、监视区重要建筑物	应设	宜设	宜设
7	公共广播系统		各区域	应设	应设	应设
8	通信显示记录系统		监控中心、各门岗	应设	宜设	宜设
9	报警接收中心终端		监控中心	宜设	宜设	宜设
10	水域周界探测报警装置		禁航水域周界	宜设	可设	可设

4.2　防恐防暴技防设施配置

4.2.1　监控中心

抽水蓄能电站监控中心设置在电站营地专用房间，且不宜与电站中控室合用，房间面积不小于 $20m^2$。监控中心具有保证自身安全的防护措施和进行内外联络的通信手段，适用于电站技防设施的集中监控和远程应急指挥。监控中心是所有技防系统各类数据的汇聚点，因此监控中心主要配置各技防子系统的后台管理服务器、大屏幕、控制台、紧急报警装置及相应系统软件等。根据国网新源控股有限公司制定的企业标准《抽水蓄能电站基建安全监控“五系统一中心”技术导则（试行）》的有关要求，电站在基建期建设有安全监测（应急指挥）中心，并作为永久使用，因此，电站安防系统监控中心宜与安全监测（应急指挥）中心合用。

（1）监控中心室内地面应防静电、光滑、平整、不起尘，宜统一采用防静电活动地板，活动地板下方设置电缆线槽，用于监控中心内设备布线。监控中心门的宽度不应小于 0.9m，高度不应小于 2.1m。

（2）监控中心内的温度宜为 16～30℃，相对湿度宜为 30%～75%。

（3）监控中心应有良好的照明。

4.2.2　技防设施系统结构

抽水蓄能电站安全防范系统采用集成式安全管理系统，通过统一的通信平台和管理软件将监控中心设备与各子系统设备联网，实现由监控中心对各子系统的自动化管理与监控。安全管理系统的故障应不影响各子系统的运行；某一子系统的故障应不影响其他子系统的运行；能对各子系统的运行状态进行监测和控制，应能对系统运行状况和报警信息数据等进行记录和显示；留有多个数据输入、输出接口，应能连接各子系统的主机，应能连接上位管理计算机，以实现更大规模的系统集成。整个技防系统由前端技防设施、传输网络和安全管理平台三部分组成。

(1) 前端技防设施包括入侵报警设备、视频安防监控设备、出入口控制设备、电子巡查设备和广播设备等。

(2) 传输网络包括工业级环网交换机、接入子交换机、主干光缆、网络线缆和电源线缆等。

(3) 安全管理平台包括各类应用服务器、视频存储设备、操作工作站、视频综合平台、液晶拼接屏、报警联动设备、网络对讲麦克风、打印机等。

根据抽水蓄能电站布置特点及实际情况，可在业主营地、中控楼、开关站、上下库等区域设置核心交换机，核心交换机之间采用光纤环网连接，传输速率为1000Mbit/s。各前端设备接入相应的百兆子交换机，子交换机与核心交换机之间就近采用星型连接。

网络存储设备主要存储视频安防监控系统图像数据，能够以25frame/s的帧速保存30天的图像记录。配置一台通信服务器，具备与上级部门通信的接口。根据安全管理的要求，出入口控制系统必须考虑与消防报警系统的联动，保证火灾情况下的紧急逃生；视频安防监控系统能与入侵报警系统和出入口控制系统联动，因此，设报警联动设备一套，用于各系统之间的联动报警。技防设施系统典型结构示意如图4-1所示。

根据国网新源控股有限公司“五系统一中心”建设导则，抽水蓄能电站在基建期建设了完备的视频监控系统、应急广播系统和门禁系统，因此，电站技防设施系统宜与原有系统合用或集成在一起，仅在各子系统上扩充即可。若不具备合用的条件，需具有能够接入原视频监控系统、应急广播系统和门禁系统的通信接口。同时在电站运行期，厂内各设备间及主要通道区域设置了工业电视系统、指令广播系统和生产巡查系统，电站安全防范系统应具备接入这些系统的接口。

4.2.3 入侵报警系统

1. GB 50394《入侵报警系统工程设计规范》要求

(1) 监视区可设置警戒线（面），宜设置视频安防监控系统。

(2) 防护区应设置紧急报警装置、探测器，宜设置声光显示装置，利用探测器和其他防护装置实现多重防护。

(3) 禁区应设置不同探测原理的探测器，应设置紧急报警装置和声音复核装置，通向禁区的出入口、通道、通风口、天窗等应设置探测器和其他防护装置，实现立体交叉防护。

而《电力行业反恐怖防范标准》（试行）仅在禁区周界考虑设置入侵探测仪，考虑入侵探测系统自动识别警情和快速反应的能力非常关键且必须，因此按照GB 50394《入侵报警系统工程设计规范》，要求在抽水蓄能电站防区的禁区和防护区周界设置入侵报警系统。系统应能对设防区域的非法入侵进行实时有效的探测与报警，系统可以独立运行，有输出接口，可用手动、自动操作以有线或无线方式报警，且具有防破坏报警功能；根据选择的前端设备，构成点、线、面、空间综合防护体系；系统能按时间、区域、部位任意编程设防和撤防。

2. 入侵报警系统探测器

抽水蓄能电站在监控中心及各警卫室设置紧急报警按钮，在以下区域需设置入侵报警系统前端探测设备：

(1) 上、下水库出入口。

(2) 上、下水库各启闭机房入口。

(3) 上、下水库溢洪道入口。

(4) 开关站、变电站周界。

(5) 中控楼周界。

(6) 进厂交通洞口。

(7) 通风洞口。

(8) 永久设备仓库。

(9) 其他人员出入洞口。

入侵报警系统探测器种类较多，结合抽水蓄能电站特点，常用的入侵报警系统探测器可选用主动红外探测器、被动红外探测器、电子围栏、激光对射、振动光纤，以及移动探测摄像头等探测器。

4.2.4 视频安防监控系统

视频安防监控系统是技防设施的重要组成部分，是监视环境和确认警情的重要手段，因此，在抽水蓄能电站防区全面配置视频安防监控系统，系统应能对监控的场所、部位、通道等进行实时、有效的视频探测、视频监视、图像显示、记录与回放，且具有视频入侵报警功能。

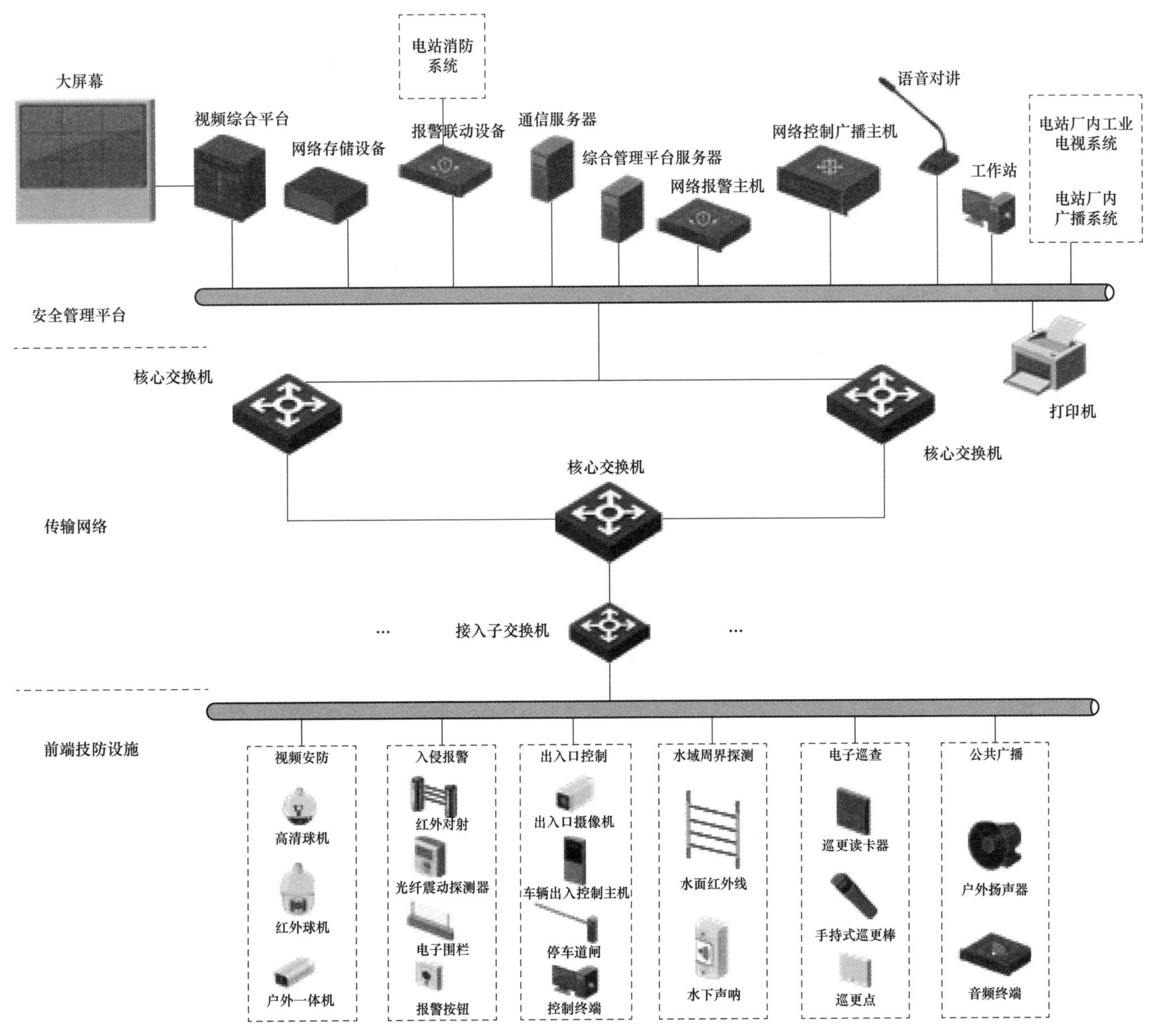

图 4-1 技防设施系统典型结构示意图

（1）抽水蓄能电站在以下区域需设置视频安防监控系统摄像机：

1）上、下水库大坝（含主坝、副坝）。

2）上、下水库出入口。

3）上、下水库各启闭机房入口。

4）上、下库环库公路。

5）上、下水库溢洪道。

6）开关站、变电站周界及出入口。

7）中控楼周界及出入口。

8）进厂交通洞口。

9）通风洞口。

10）机动车车库出入口。

11）业主营地周界及出入口。

12）其他人员出入洞口。

（2）地下厂房、开关站内、中控楼内各区域及设备房间摄像机由电站工业电视系统统一设置。本系统具备接入电站工业电视系统的接口。

（3）视频安防系统前端设备宜选用高清（1080P）一体化球形摄像机。

4.2.5 出入口控制系统

出入口控制系统是技防设施的重要组成部分，是封闭管理和迟滞暴恐活动的必然选择，需要在禁区的出入口和防护区实行封闭管理的出入口设置。

抽水蓄能电站在以下区域需设置出入口控制系统：

（1）上、下水库出入口。

（2）开关站、变电站出入口。

（3）进厂交通洞口。

（4）通风洞口。

（5）中控楼道路出入口。

（6）业主营地出入口。

（7）其他人员进出的洞口。

4.2.6 停车库管理系统

抽水蓄能电站若设置有对外开放的停车库（场），需要设置停车库管理系统，由于停车库管理系统与出入口控制系统功能重叠，且一般出入口控制系统均配置有车辆管理系统，因此，抽水蓄能电站停车库管理系统宜与出入口控制系统联合配置。

4.2.7 电子巡查系统

电子巡查系统主要由信息标识（信息装置或识别物）、数据采集、信息转换传输及管理终端等部分组成。采集装置应能存储不少于4000条的巡查信息，采集装置在换电池或掉电时，所存储的巡查信息不应丢失，保存时间不小于10天。电子巡查系统的巡查信息的采集点（巡查点）装置应安装在重要部位及巡查线路上，且安装牢固、隐蔽。系统在授权情况下应能对巡查线路、时间、巡查点进行设定和调整。监控中心能够查阅、打印各巡查人员的到位时间，具有对巡查时间、地点、人员和顺序等数据的显示、存储、查询和打印功能，并具有违规记录提示。

抽水蓄能电站在以下区域需设置电子巡查系统巡查点：

（1）上、下水库大坝（含主坝、副坝）。

（2）上、下水库各启闭机房、配电房。

（3）开关站、变电站。

（4）中控楼。

（5）进厂交通洞口。

（6）通风洞口。

（7）业主营地办公楼。

（8）永久设备仓库。

（9）其他人员出入洞口。

4.2.8 公共广播系统

抽水蓄能电站公共广播系统用于应对突发事件的广播，系统设备处于热备用状态，能定时自检和故障自动告警；紧急广播应具有最高级别的优先权，能在警报信号触发后立即投入运行。

抽水蓄能电站公共广播系统需在以下区域设置广播扬声器：

（1）上、下水库大坝（含主坝、副坝）。

（2）上、下水库出入口。

（3）上下库启闭机房、配电房。

（4）开关站、变电站。

（5）中控楼。

（6）进厂交通洞口。

（7）通风洞口。

（8）业主营地办公楼。

（9）永久设备仓库。

（10）其他人员出入洞口。

4.2.9 水域周界探测系统

上、下库水域周界探测报警装置可采用水面红外成像、激光摄像机、雷达摄像机等入侵监测设备，水面红外线入侵监测可在视频安防监控系统中综合考虑。

4.2.10 通信显示记录系统

根据抽水蓄能电站的分类级别，可在监控中心和各值班门岗处，设置通信显示记录系统。通信显示记录系统应具备来电通话记录功能，可与电站站内通信系统合并设置。

4.2.11 供电设计

技防设施系统监控中心设备、网络设备、前端设备均采用两路独立电源供电。监控中心设置一套 UPS，采用集中式供电方式。网络设备及前端设备根据设备布置情况，设置电源箱，采用就近本地取电方式，电源箱内自带蓄电池，蓄电池容量满足相应网络设备及前端设备运行 2h。

第5章 物防、技防、人防结合配置方案

抽水蓄能电站工程防恐防暴物防、技防、人防措施的配置是相辅相成、紧密联系的结合体，是一种“我中有你、你中有我”的相互依存的关系，三者之间的结合配置能发挥最大的防护效用。物防、技防、人防结合配置方案如下：

（1）防护区、监视区、禁区周界防护的围墙、栅栏多与入侵报警系统、视频安防监控系统联合使用。通过安装入侵报警系统、视频安防监控系统可全面监控电站防范区域情况，有效发挥围墙、栅栏阻止非法人员入侵的作用。

（2）道闸、路桩、路障机等阻车装置以及金属防护门、电动伸缩门等安全门与出入口控制系统配合使用，以实现各工器具之间的联动。在门卫室和岗亭配备安保人员，通过人的操控，保证物防设施的正常开启与关闭。

（3）巡逻机动车、巡逻船等巡逻设施与电子巡查系统巡查结合使用，以保证巡逻工作质量，避免巡逻不到位。同时，对各巡逻设施按需配备巡逻人员。

（4）巡逻船与水域周界探测报警系统配合使用，当水域周界探测报警系统监测到水域异常情况时，由安保人员及时开启巡逻船展开水域拦截工作。

（5）防暴器材、排爆装备、照明器材、应急用品和通信器材的执行主体为人。当发生非常情况时，由安保人员采取被动和主动防暴器材抵抗外来非法人员的入侵。当处置可疑爆炸物品时，由专业排爆安保人员借助防爆毯或防爆罐（桶型、球型、车载防爆罐）等排爆装备将可疑爆炸物移除。应急灯、强光手电、探照灯等照明器材应用于黑暗环境下的目标搜寻和人员疏散逃生。毛巾、防毒口罩、空气呼吸器应用于烟气、毒气环境下的个体防护。通过通信器材实现安保人员之间的信息互通，借助对讲机、电话机、手机做到暴恐信息的上传下达。

第6章 非常态防范措施

在国家对反恐怖工作提出要求的特殊时段或政府有关部门发布恐怖袭击事件预警的情况下，应在常态防范基础上，采取一切必要的防范措施，提升防范等级和防范标准。水电工程反恐怖非常态防范一般分为一级和二级两个等级（其中一级为最高级），由地方人民政府反恐怖主管部门负责预警信息的发布。

6.1 二级非常态防范措施

二级非常态物防措施在符合常态防范标准的情况下，同时应采取以下工作措施：

（1）管理单位分管负责人带班组织防范工作。

（2）安全保卫人员全员上岗，增加巡逻次数，关闭监视区、防护区非主要出入口，加强出入口控制和重要部位的巡视、值守，禁止非工作人员出入。

（3）主要出入口增派双岗，增加技防设施监控力量，启用安检门、探测仪等安检设备，对进入禁区的所有出入口人员、车辆、物品必须经过安检门、探测仪进行安全检查、登记，限制携带物品进入重要部位；其余区域进行卡口限流措施，对进入区域的人员、车辆全部进行安全检查，所有随身携带包物进行开包检查。

（4）暂停部分游览区域开放。

（5）检查、梳理并保养各类防范、处置装备设施，保证各类防范、处置装备设施处于待命状态。

（6）启用备用电源和应急通信设备（如卫星电话），各级反恐怖防范人员保持有线、无线通信 24h 畅通，专人收集、通报情况信息。

（7）联系属地职能部门指导防范工作。

（8）根据反恐怖部门、行业主管（监管）职能部门要求采取的其他防范措施。

6.2 一级非常态防范措施

一级非常态物防措施应在符合二级非常态防范的要求上，同时采取以下工作措施：

（1）管理单位主要负责人 24h 带班组织防范工作。

（2）启动反恐怖应急指挥部，所有救援装备、各类保障和应急处置力量全部到位，进入临战状态。

（3）重要部位应有 2 名以上安保人员守护，实行 24h 不间断巡查。

（4）暂停全部游览区域开放，疏散无关人员。

（5）严格控制无关人员进入禁区，其余工程区严控出入口。

（6）开启机动车阻挡装置等实体安全防范设施，防恐防暴安防系统监控中心、视频安防监控系统、入侵报警系统、出入口控制系统、停车库（场）安全管理系统、电子巡查系统、公共广播系统、通信显示记录系统等保持系统正常，处于开启工作状态，严密监视内外动态。

（7）对防范目标区域进行全面、细致检查。

（8）配合反恐怖部门、行业主管（监管）职能部门开展工作。

第 7 章 结 论

本手册通过开展抽水蓄能电站工程防恐防暴物防、技防配置设计，提出了一种适合我国国情和抽水蓄能电站工程特点的防恐防暴物防、技防措施设计理念，整理出一整套防恐防暴物防手段、技防产品及技术措施。设计成果为规范抽水蓄能电站反恐怖安全防范设计中物防、技防体系规划的内容，正确配置物防、技防设施设备，优化物防、技防设施设备选型设计及安装，保障抽水蓄能电站工程物防、技防设施配置、安装、运行管理工作的规范化和科学化起到了重要作用，具体设计内容归纳如下：

（1）针对实体防护目标、防护性能的不同，结合抽水蓄能电站工程实际将抽水蓄能电站工程防恐防暴物防措施划分为警示警戒标志、实体屏障、行包寄存设施、防暴器材、排爆装备、照明器材、应急用品、通信器材、巡防巡逻设施 9 大类，全面整理了技防方面的产品和技术措施并加以分类，提出电子巡查系统和停车库管理系统应作为可选项，不强制要求，为后续抽水蓄能电站工程防恐防暴物防、技防设施的配置提供了分类依据，确保了抽水蓄能电站工程物防、技防设施具体配置的层次性和有序性。

（2）结合抽水蓄能电站工程自身特点，遵循可靠性、安全性、联动性、易操作性、实用性及经济性的原则，提炼出适合抽水蓄能电站工程防恐防暴的物防、技防设施，明确了物防、技防设计标准、配置方案及使用年限要求，提出了相关运行维护要求，为抽水蓄能电站工程防恐防暴物防、技防工作的落实提供指导依据。

（3）明确了抽水蓄能电站工程不同设防等级条件下各分区具体的防范范围以及各分区物防、技防设施配置的具体措施要求。

（4）在抽水蓄能电站工程反恐怖非常态防范分为一级和二级两个等级（其中一级为最高级）的基础上，对抽水蓄能电站工程反恐怖二级和一级非常态防范应采取的物防、技防措施提出了明确要求。

附录A 物防设施图集

续表

物防设施名称	示例	说明
禁止标志		禁止进入厂区内所有人员的某些行为，包括禁止车辆通行、禁止入内、禁止翻越等行为
提示标志		出入厂区安全提示
砖墙		用于电站周界防护，防止未知身份人员越界进入电站厂区
铁栅栏		用于电站不适宜砖墙修建的周界防护，防止未知身份人员越界进入电站厂区
被动防护网		用于电站不适宜砖墙、栅栏修建的山地及边坡周界防护，防止未知身份人员越界进入电站厂区
门卫室		布置于电站各主要出入口

物防设施名称	示例	说明
岗亭		布置于电站各安保执勤点
安全门		布置于枢纽建筑物各出入口，拦截非经允许的人员通行
金属防护门		用于电站设门的主要出入口或建筑物（进厂交通洞、通风兼安全洞等洞口）
电动伸缩门	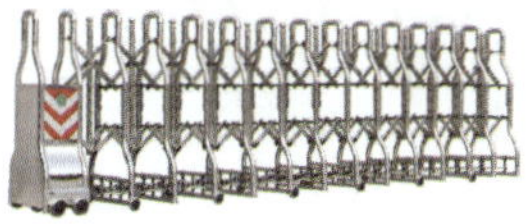	出入厂区的各主要出入口
防盗安全门	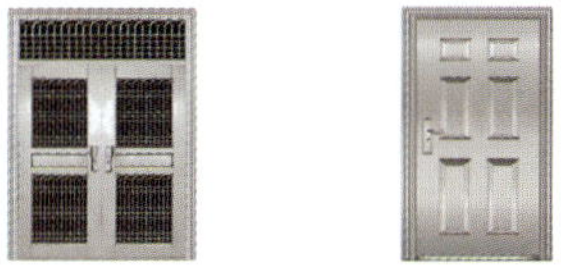	用于电站周界防护，防止未知身份人员越界进入电站厂区
防盗安全窗		用于电站各枢纽建筑物窗口防护

续表

物防设施名称	示例	说明
防撞道闸	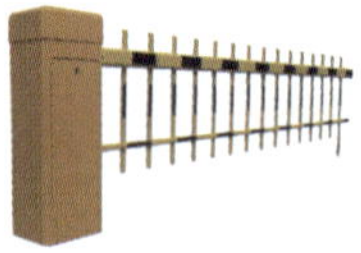	用于电站各主要出入口，拦截未经允许的车辆通行
液压升降路桩	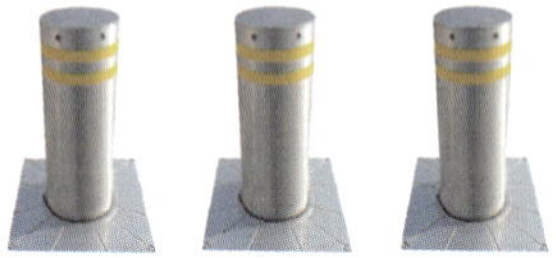	布置于电站各主要出入口，阻挡非法车辆冲卡
破胎器		布置于电站各主要出入口，阻挡非法车辆冲卡
防撞隔离栏（墩）		用于出入车道隔离，快速部署保卫方案
包裹寄存柜		用于电站游览区域，布置在入口门卫室
防暴盾牌		布置于电站门卫室和安保执勤点

续表

物防设施名称	示例	说明
防暴头盔、防弹头盔		布置于电站门卫室和安保执勤点
防弹衣、防刺衣、防暴服		布置于电站门卫室和安保执勤点
警棍		布置于电站门卫室和安保执勤点
钢叉	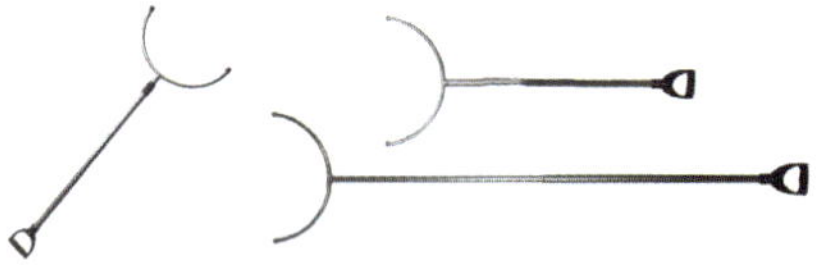	布置于电站门卫室和安保执勤点
防暴抓捕器	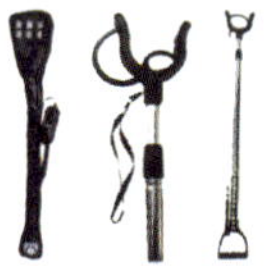	布置于电站门卫室
捕捉网发射器		布置于电站门卫室

续表

物防设施名称	示例	说明
防爆毯	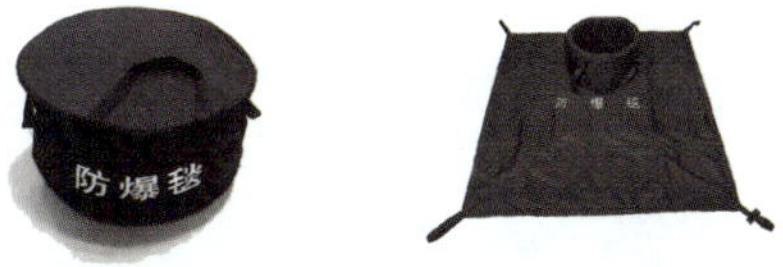	适合电站重点防范区域的门卫室或安保执勤点，用于爆炸物品的隔离处理
防爆罐		适合电站等重点防范区域的门卫室或安保执勤点，用于爆炸物品的实时处理
应急灯		用于黑暗下紧急照明，电站门卫室和安保执勤点配备
强光手电	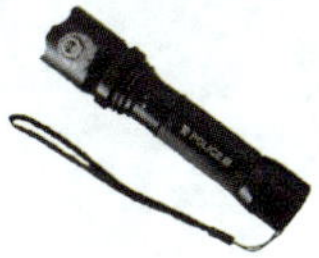	适用于夜间搜索和处置特殊情况的需要，电站门卫室和安保执勤点配备
探照灯		适用于大坝坝顶、业主营地、厂房枢纽等区域，用于远距离照明和搜索
毛巾、防毒口罩	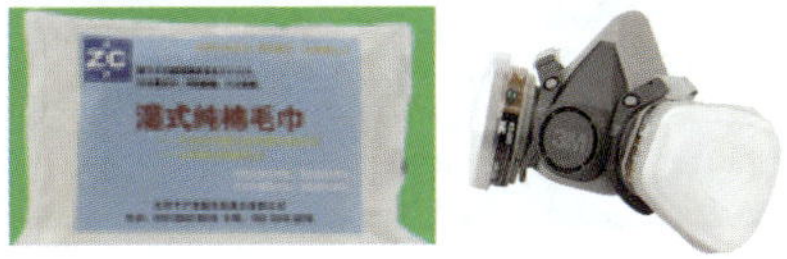	防止毒气或烟气对人体的伤害，电站门卫室、安保执勤点和各主要建筑物应急疏散通道沿途合适地点配备

续表

物防设施名称	示例	说明
空气呼吸器		防止毒气或烟气对人体的伤害，电站主要建筑物应急疏散通道沿途合适地点配备
对讲机		适用于通信信号被截断情况下短距离通话，电站门卫室和安保执勤点配备
电话机		适用于通信线路畅通情况下不限距离通话，用于电站各人员作业点
手机		电站从业人员、安保人员随身携带
巡逻机动车		适用于电站安保人员执勤巡逻，发挥提速增效作用，及时发现并处理异常情况
巡逻艇		适用于电站周边水域的执勤巡逻

附录B 典型设计图

图 B-1 抽水蓄能电站业主营地入口物防典型设计图

图 B-2　抽水蓄能电站进厂交通洞洞口物防典型设计图

图 B-3　抽水蓄能电站出入口物防典型设计图